阅读成就梦想……

Read to Achieve

思考者系列

STANDING AT THE EDGE

Finding Freedom Where Fear and Courage Meet

美德反思

行善的边界与智慧

[美] 琼・哈利法克斯（Joan Halifax）◎著
苑东明◎译

中国人民大学出版社
・北京・

图书在版编目（CIP）数据

美德反思 ：行善的边界与智慧 / （美）琼·哈利法克斯（Joan Halifax）著 ；苑东明译. -- 北京 ：中国人民大学出版社，2020.7

书名原文：Standing at the Edge: Finding Freedom Where Fear and Courage Meet

ISBN 978-7-300-28219-0

Ⅰ. ①美… Ⅱ. ①琼… ②苑… Ⅲ. ①道德修养一研究 Ⅳ. ①B825

中国版本图书馆CIP数据核字（2020）第105080号

美德反思：行善的边界与智慧

[美] 琼·哈利法克斯（Joan Halifax） 著

苑东明 译

Meide Fansi: Xingshan de Bianjie yu Zhihui

出版发行	中国人民大学出版社		
社　址	北京中关村大街 31 号	邮政编码	100080
电　话	010-62511242（总编室）		010-62511770（质管部）
	010-82501766（邮购部）		010-62514148（门市部）
	010-62515195（发行公司）		010-62515275（盗版举报）
网　址	http：//www.crup.com.cn		
经　销	新华书店		
印　刷	北京联兴盛业印刷股份有限公司		
规　格	170mm×230mm　16 开本	版　次	2020 年 7 月第 1 版
印　张	15.25　插页 2	印　次	2020 年 7 月第 1 次印刷
字　数	220 000	定　价	75.00 元

STANDING AT THE EDGE

本书赞誉

琼·哈利法克斯的《美德反思》，反映了她巨大的勇气、慈悲和智慧。她乐于走近这个伟大的秘密，把恐惧转化成了好奇。然而，最重要的是，这本精彩的书字里行间都闪耀着她伟大的爱，给我们指出了一条庄重的生活之路。

拉姆·达斯（Ram Dass），《活在当下》（*Be Here Now*）作者

在阅读《美德反思》时，我被琼·哈利法克斯的诚实和难得的谦逊所打动。这是一项不同寻常、充满勇气、鼓舞人心的工作，是让人能在那些动荡和危险的时刻站稳脚跟的真正指南。

马克·爱普斯坦（Mark Epstein），医学博士，《弗洛伊德遇见佛陀》（*Open To Desire*）作者

《美德反思》是一本指南之书，帮助我们培养勇气和创造力，以面对那些现实生活的挑战，因为世界是变化着的，而且我们还要面对许多麻烦和混乱。本书作者琼·哈利法克斯向我们提供了一个独特而强大的框架，以理解利他主义的“边缘状态”——共情、正直、尊重、投入和慈悲，研究它们所具有的那些重要的优点，并帮助我们发现其固有的缺点。她创建了一个基本的阅读指南，为我们的内心生活和这个我们共享的宏伟世界，创建了一个清晰的避难所。这是一部用心之作，充满了作者得之不易的智慧。琼是一位智者，也是我们爱戴的向导，不管你正处于生命的哪个阶段——无论你是正处于人生旅程起点的年轻

人，还是在人生和职业生涯中途的中年人，抑或是功成名就的老年人，她都会给你带来改变生命的洞见，最先进的科学知识，以及如何在提高内心韧性、服务他人的同时，拥抱充实的生活中全面而有深度的观点。这是一项肯定人生、改变人生的工作，是送给我们所有人的礼物。

丹尼尔·西格尔（Daniel Siegel），医学博士、《第七感》（*Mindsight*）作者、加州大学洛杉矶分校医学院精神病学临床教授

琼·哈利法克斯知道她在说什么。《美德反思》是强有力的、诚实的、明智的，也是人性化的。

莎伦·莎兹伯格（Sharon Salzberg），《真正的幸福与爱》（*Real Happiness and Real Love*）作者

《美德反思》是对以热情的关切拥抱生活这一主题的感人又及时的反映，琼分享了她通过佛教禅宗、社会交往、神经系统科学，尤其是在半个世纪的无畏生活中所获得的感悟。

斯蒂芬·巴彻勒（Stephen Batchelor），《后佛教》（*After Buddhism*）作者

我本以为，我了解这些词——利他主义、共情、正直、尊重和投入。直到我读了《美德反思》，我才意识到我并没有真正透彻地理解这些词。《美德反思》是作者多年精神修行和服务的结晶。这本书告诉了我们，我们需要锚定自己，以便在我们当前现实的暴风骤雨中生存。

达摩难陀长老（Dhammananda Bhikkhuni），马来西亚、新加坡南传首座

到目前为止，还没有一种易于获取的教育，能告诉我们如何在压力和痛苦之下保持健康——无论是我们自己的还是我们周围人的压力与痛苦。琼·哈利法克斯给我们绘制了一幅地图，能指引我们把那些人人都曾经历过的困难状态转变为成长状态——为我们迫切需要的能量打下基础，使我们更有应对压力的弹性，也更有同情心。书里没有什么抽象的内容。通过科学和沉思的智慧，通过

勇敢生活的例子，特别是哈利法克斯自己生活的强有力的示范和对人道主义事业的巨大贡献，你将看到你是如何勇敢地克服恐惧的，从而尽可能让自己过上最好的生活。

埃利萨·埃佩尔（Elissa Epel）博士、加州大学旧金山分校教授、畅销书《端粒效应》（*The Telomere Effect*）合著者

《美德反思》这本书能激励我们做更好的自己，并为我们提供相应的工具。

简·方达（Jane Fonda），演员

《美德反思》文笔优美，琼·哈利法克斯在书中把精神导师的深度、心理学家的洞察力和先知的远见结合起来，帮助我们履行对他人的人道责任，同时保持对自己身体、思想和灵魂的尊重和关怀。

伽柏·美特（Gabor Maté），医学博士，《饿鬼国》（*In The Realm of Hungry Ghosts*）作者

《美德反思》集中了作者从与癌症患者、临床医生、教师、赈灾人员、首席执行官和禅宗弟子的合作中提炼出的智慧，并重塑成了我们目前生活方式的指南。它是有紧迫感的、有原则的、实用的，并且巧妙地运用了心理学知识。这是一件令人惊叹的礼物。

安东尼·巴克（Anthony Back），医学博士、华盛顿大学甘比亚高级姑息治疗中心教授、弗雷德·哈钦森癌症研究中心教授、VitalTalk 创始人

我喜欢《美德反思》。这本书让作者琼与那些伟大的上师和修行者比肩而立，如佩玛·丘卓（Pema Chödrön）、一行禅师（Thich Nhat Hanh）、甘地、多萝茜·戴（Dorothy Day）、托马斯·默顿（Thomas Merton）、马丁·路德·金博士等。在阅读本书时，我想起了那句老话：“不要只是做什么——要站在那里！”通过探讨利他主义、共情、正直、尊重、投入和慈悲等宏大主题，琼帮助我们在逆境中站稳立场，让我们知道自身的立场在哪里，当置身此地，我们的内心

充盈着智慧和慈悲。我们这个世界还充斥着暴力和不人道，这本书出版得很及时，它将帮助我们变得更加非暴力、更加人性化，为一个更加非暴力的世界尽自己的一份力量。有了琼作为我们的向导，我们也可以站在边缘，学会看到人性的新视野，并进入普遍的慈悲、非暴力与和平中去。这是多好的礼物啊！

约翰·迪尔（John Dear）神父，《非暴力的生活与和平的八福》（*The Nonviolent Life and The Beatitudes of Peace*）作者

不仅所有临床医生都该读这本《美德反思》，而且所有关心他人疾苦的人也都该读。琼有这样一种天赋：她能将复杂的科学、神学和哲学理论转化为实用的模型，让每个人都能表达对他人的慈悲。她使我们能够与他人共担痛苦——包括陪伴和爱。

克里斯蒂娜·普哈尔斯基（Christina Puchalski），医学博士、医学教授、乔治华盛顿大学精神与健康研究所主任

作者在《美德反思》中定义并探索了人类的一些基本品质。这些品质——正直、尊重、利他主义、共情、慈悲心和投入，在为更大的人类社群服务的同时，对于我们如何充实地生活也是必不可少的。她称之为边缘状态，因为其中每种状态都有潜在的阴暗面或“近乎敌对”的一面，这在我们的精神旅程中代表着陷阱。为了说明如何来区分它们，琼借鉴了自己长达几十年的冥想练习的经验、丰富的人生经历，以及她向萨满巫医、禅师和美国土著长老学习的经验。这本书以一种清晰的、引人入胜的风格写成，并由许多感人的故事加以佐证，对于那些精神探寻者来说，这本书提供了宝贵的信息。

斯坦尼斯拉夫·格罗夫（Stanislav Grof），医学博士、《未来心理学》（*Psychology of the Future*）作者

琼·哈利法克斯一生都是一个“边缘”冒险家。我对她在这么多领域、这么多地方，仅凭追随自己的好奇心和爱所取得的成就感到震惊。然而，更让我

惊讶的，是她对自己所看到的和所做的事的理解消化及概念化的能力。因此，作为她的读者，当我们在生活中面对险峻的“边缘”时，可以向她学习成长的勇气和智慧。这本书把个人经历与所涉及的各种研究和技法结合起来，对于任何试图在这个悲剧世界中生存的人来说，这都是一本有价值的资料手册——它能让我们睁大眼睛，敞开心扉，伸出援助之手。

诺曼·费希尔（Norman Fischer），诗人、禅宗牧师、《何为禅》（*What Is Zen*）作者

在这部细腻的作品中，作者带我们游历了这个变幻着的充满慈悲的世界，用敏锐的心理学洞察力探索了那些宝贵的品质——“边缘状态”——它们能促成成功的慈悲行动，而它们阴暗的死穴也可能会导致挫败感和倦怠感。这本书对那些从事护理和帮助工作的人特别有用，它将成为所有渴望把世界变得更美好的人的基本指南。

菩提比丘（Bhikkhu Bodhi），佛教全球救助创始人

在我们所有人的生活中，那些决定性的时刻总是在我们最不经意的时候出现。我们在这些时刻所做的决定和采取的行动，会对我们自己及周围的人产生深远的影响。在这些时刻，我们通常会“立于边缘”——我们可能会感到不知所措、害怕、想要自我保护，并且基于自我保护的动机采取行动，我们也可能会发掘出关怀、慈悲、耐心和慷慨的能力。在这本感人、鼓舞人心的书中，作者深入探索了这些“边缘状态”，并以开放和优雅的态度为我们提供了路线图和实践，以在这些决定性的时刻为我们提供支持。智慧在最需要它的时候就会出现！

马克·T. 格林伯格（Mark T. Greenberg）博士，宾夕法尼亚州立大学埃德娜·贝内特·皮尔斯预防研究中心贝内特预防研究教授

作者可谓一位熟练的攀登者，敏捷地引导读者攀过通往善良和智慧高地的刀锋般的山脊。这是对精神平衡的深刻的、微妙的、非常有益的沉思。

比尔·奇亚印娜雅·堪（Pir Zia Inayat-Khan),《混合的水》(*Mingled Waters*)作者

在《美德反思》中，作者针对那些为生命赋予了深层意义的问题，提出了一个全面而又细节化的观点。以数十年来与各种形式的苦难的深入接触为积淀，作者的文字清晰且发人深思。当我们对自己的渴望和意图力有不逮时，她的文字所传达出的智慧、诚实和对自我更新能力的希望感，对我们有着疗愈作用。她给读者留下了一种明显可感的价值感，这种价值感可以通过接近、有时甚至超越我们视野的边界而获得，从而使世界变得更美好。

克利福德·萨伦（Clifford Saron）博士，加州大学戴维斯分校精神与大脑研究中心的科学家

琼在《美德反思》中，向我们提出了一个简单而艰巨的挑战：要想活得充实，就必须活在边缘。有些人可能会认为，这意味着我们被迫更忙碌地行动，以某种方式应对所遇到的苦难。她为我们提供了一个不同的视角。同情需要我们识别出一个隐藏的礼物。《美德反思》为我们提供了一个地方，在那里，我们可以拥抱伟大光明的前景，还能让我们意识到，我们离自己内心阴影的悬崖仅有一步之遥。对于这个分裂的世界，对于我们这些追求健康、富有同情心的生活方式的人来说，琼从生活经历中得来的智慧和她写下的文字来得正是时候。

约翰·保罗·莱德拉赫（John Paul Lederach)，圣母大学名誉教授、人道联合组织高级研究员

我们通往有意义生活的旅程是由利他主义、共情、正直、尊重和投入等积极品质引导的。然而，正如作者在书中所述，这些品质也有阴暗的一面，会把我们的生活推向混乱。不过，我们仍然可以从苦难中学到很多，并从中发现无

限的可能性。《美德反思》提醒我们，妥善地应对苦难可以给我们创造新的生活，有了慈悲心，我们的生活将坚定地向着通往圆满的道路上延展。我发现这本书非常鼓舞人心，它给我们带来了希望，并在我们心中培养了慈悲心。

帕·佩萨尔·维萨洛（Phra Paisal Visalo），帕苏卡托寺（Wat Pasukato）住持、“应学法”（Sekiya dhamma）联合创始人、日本基金会亚洲公共知识分子奖学金获得者

理解边缘状态的复杂性，为我们应对当今这个不确定的、危险的世界提供了一种勇敢的方式。这是邀请我们用慈悲心、洞察力和智慧来接纳我们的力量和痛苦。这是一本教我们如何在混乱、复杂和冲突中保持正直品行的入门书。

辛达·拉什顿（Cynda Rushton）博士，注册护士、美国护理科学学院院士（FAAN）、约翰霍普金斯大学临床伦理学教授

STANDING AT THE EDGE

推荐序一

邱丽娃

萨提亚家庭系统治疗资深讲师

隐喻故事疗法资深讲师

很高兴为《美德反思》写推荐序。看到一位西方人对东方哲学有如此深刻的体会，我感到由衷的高兴。相信当东方与西方的一些哲思融合在一起时，可以在人们的内心深处引起共鸣。

这本书提到了利他主义、共情、正直、尊重和投入这几种美德，你对它们是不是很熟悉？你是不是也在生命中实践着这些美德？此刻，请你停下来思考，你在实践的过程中抱有什么样的态度，又心怀什么样的信念？你在实践的过程遇到困难了吗？产生疑惑了吗？或又感受到怎样的心灵震颤？

你在实践利他主义、共情、正直、尊重和投入的过程中所遇到的困难、产生的疑惑，这本书都阐述得很清楚，而且提供了很好的解决方案。

在我看过本书作者琼·哈利法克斯的题为《慈悲心与共情的真正含义》（*Compassion and the True Meaning of Empathy*）的 TED 演讲视频后，深受感动。她将自己的经历娓娓道来，讲到动情之处，让人几欲落泪。我觉得，琼是在用她的真情实感和真实的生命体验写成了这本书。

然而，《美德反思》这本书并不是回忆录，也不是传记，而是一本生活指南，是一张人生蓝图，告诉我们关于利他主义、共情、正直、尊重、投入这些美德所具有的那些重要优点，并帮助我们发现逾越它们的边缘后又会遇到什么。更重要的是，琼还在这本书中告诉我们，如何深入内在，从而让我们稳稳地立足于边缘状态，不致于坠落。

当我在阅读这本书时，就好像踏上了一段旅程，一段通往自我完善的旅程。一路经过利他主义、共情、正直、尊重和投入这几个停靠车站，最终可以抵达慈悲。

于是，我买了一张“绿皮车”的车票，决心从起始点坐到终点。这辆“绿皮车”以其独特的节奏缓缓前行，每一站都有形形色色的乘客上上下下，他们都有着不同的故事。我很喜欢这些故事，深深地被它们感动。故事丰富而精彩，有些是我熟悉的领域——佛教的、心理学的，但更多的是我不熟悉的领域——医学的、脑神经科学的……不管是否熟悉，都能让我更了解每一个停靠站的风景，也能让我更加深入地在生活和工作中践行利他主义、共情、正直、尊重、投入。

琼对于利他主义、共情、正直、尊重、投入，有详细的引导，有概念、有理论，理论中还提出众多的论点，佐以生活中的大大小小经验分享，宛如一张经纬交织、脉络分明的地图，指引着读者从对一些道理似懂非懂的状态，慢慢走向清晰明了。

琼在这本书中还阐述了系统的概念，她说道：“我听说事物总是从边缘地带生发出来的。例如，生态系统就是从它们的边界处向外扩展的，在那里，它们往往拥有更加丰富多彩的生命类型。我发现人的精神状态也是一个生态系统。”是的，我们生存的世界是一个大的生态系统，我们所处的社会、工作的环境，也有着社会、工作的生态系统，家庭也有家庭系统……我们的身体内部，也有呼吸系统、消化系统、神经系统等生理系统。琼说：“我相信研究我们的内在生态是很重要的，这样我们才能认识到自身何时处于边缘地带，正处于从健康向病态滑落的危险之中。当我们真的沉沦于那些不太‘宜居’的思想境界时，可以就地学习领悟。”

此外，作者还对利他主义、共情、正直、尊重、投入、慈悲逐一进行探究说明，你既可以看见大的系统，也可以看见小的系统，而这一个个美德又交织成一个更大的内在系统。当我们从书中找到方法以巩固美德后，我们的内在系统就会变得很稳固，在这个信息爆炸、3C 产品发达、瞬息万变的时代，我们可以拥有内在的平静。

我认为，对于想要获得自我成长的人，可以通过阅读这本书实现内在的改变与成长；对于心理教育工作者，可以通过阅读这本书回溯自己利他助人的初心；对于助人工作者，可以通过阅读这本书感受到慈悲的力量；哪怕你只是一个喜欢故事的人，也可以在这本书中读到很多真实又动人的故事……

最后，我想说，琼不仅拥有“出世的眼光”，还经历过“入世的历练”。打开这本书，就会带你踏上一段美妙又深刻的旅程。

出发吧！

STANDING AT THE EDGE

推荐序二

丽贝卡·索尔尼特（Rebecca Solnit）

作家、历史学家、活动家

我与琼·哈利法克斯曾一起行进于青藏高原古老的商旅之路上，一起沿着新墨西哥州人迹罕至的山坡直行而上，进入清澈溪流淙淙、夏日雷暴高发的高山地区。我知道她曾多次绕行凯拉什这座供人朝拜的圣山，曾在北非和墨西哥北部的沙漠中独自漫游，曾走遍曼哈顿，在她自己的禅宗中心及美国北部和亚洲各地的许多寺庙里经行[①]。作为一名医学人类学家、佛教上师和社会活动家，她在旅途中打破了许多无形的障碍，并带来了许多东西。琼是一名头脑清醒、无所畏惧的旅行者，在这本书中，她讲述了自己在穿越某些领域的旅行中所学到的东西。对这样的领域，我们许多人才刚刚开始在个人和社会变化的地平线上了解、注意或欣赏到。

在过去的几十年里，我们对人性的理解经历了一场革命。人类在本质上是自私的，人类对物质、性爱乐趣和家庭关系的需求本质上是私人的，这一假设在许多领域中被推翻了。当代经济学、社会学、神经科学和心理学等多个学科的研究

① 经行，指修行者为提高对身体的明觉度和摄受力，锻炼心念对身体的控制，旋回往返于一定之地。——译者注

都表明，人类从起源上就是富有同情心的生物，能够理解他人的需求和痛苦。20世纪60年代的“公共地悲剧”（tragedy of the commons）理论认为，人们太自私了，因此不愿意去照顾属于共有的系统、土地和商品。可与此相反，从田园社会中的放牧权利到美国的社会保障体系，此类系统的众多变体在很多地方都有可能很顺利地运转，而事实也确乎如此［埃莉诺·奥斯特罗姆（Elinor Ostrom）是迄今为止唯一一位获得了诺贝尔经济学奖的女性，她在著作中探讨了成功的经济合作］。

灾难社会学家记录并证明，在地震和飓风等突发灾难中，普通人是勇敢的、随机应变的、非常无私的，作为因受到感召而自发组织起来的志愿者，他们经常在自己所做的救援和重建工作中发现快乐和意义。还有资料显示，训练士兵去杀人是很难的；他们中的许多人要么以微妙但明显的方式抗拒，要么会深受这种经历的伤害。来自进化生物学、社会学、神经科学和许多其他领域的证据表明，我们必须摒弃那种陈旧的厌恶人类（和厌女症）的观念，以一种全新的视角来看待人性。

这种对人性本质的另一种感受一直在发生和积累着，其内在意义是重大的、非常鼓舞人心的。从这些关于我们是谁或有能力成为谁的不同假设出发，我们可以为自己、我们的社会乃至整个世界制订一个更加宽宏大量的计划。这就像我们已经绘制了一幅新的人性地图，或者说通过生活经验和精神教诲绘制出了其中的一部分，却被西方人那种认为人性冷酷、自私、不合作，以及生存在很大程度上是竞争而不是合作的观念抹杀了。这幅新兴的地图本身就是非同寻常的。它为我们以新的、充满希望的方式想象自己和我们的可能性奠定了基础；并且提醒我们，那种认为自己不堪且不幸的大部分看法都是被灌输的，而非固有的或不可避免的。不过，这幅图在很大程度上，还只是草图或概观，而不是能够给出具体步骤和指引的导游图。

也就是说，这项探索在最大程度上指向了一个属于更美好、更理想、更慷慨、更富有慈悲心、更勇敢的自我的应许之地。然而，仅仅做更好的自己的希望可能是天真的。即使我们成了最好的自己，即使是在我们最好的日子里，我们也会遇到障碍，包括共情的痛苦、道德上的伤害，以及琼在这本书中娴熟地描述过的其他心理挑战。她告诉我们，做一个好人不是一种幸福的状态，而是一项复杂的工程。这项工程涵盖了我们生活的全部领域，包括我们犯下的错误和遭遇的失败。

琼为我们提供了一些非常有价值的东西。她游历了这些领域，通过自己和他人（包括遭受了苦难的人和努力解脱痛苦的人）的经验进行了深入的学习。她已经知道，减轻痛苦的尝试本身是如何给人带来新的痛苦的，以及如何才能避开这样的痛苦，避免自己的生命力枯竭。她在这些复杂的人性景观中走得很远很远，知道它们远不只是远处那亮闪闪的美德之地。她看到了许多人只能从远处指点、眺望的东西——危险、误区、陷阱和失望的泥沼，当然还有高峰和可能性。在这本书中，琼为我们提供了一幅为了我们自己和全人类的利益，如何勇敢而富有成果地去探索的地图。

STANDING AT THE EDGE

自序

从边缘看现实世界

这是新墨西哥山区的一座小木屋，一有机会，我就会去那里消磨时间。它位于基督山脉中心的一个深谷里。要经过费力的攀缘，才能从我的小木屋爬到高耸的山脊上，这里的海拔超过一万两千英尺①，我从这里可以远眺格兰德河深深的沟壑、瓦勒斯超级火山的边缘，还有燧石山独特的台地。古代的纳瓦霍人说，这是世上第一个男人和第一个女人的诞生之地。

每当走在山脊上，我都会觉察到自己正在思考的总是脚下这狭窄的边缘之地。沿着山脊线有一些地方，我必须特别小心脚下。向西是一道陡然下降的岩屑路，通往圣莱昂纳多河林木葱翠的狭窄分水岭；往东是乱石丛生、陡峭向下的山岭，直通坦帕斯河沿岸的茂密森林。我知道，在这山脊之上，只要一步之失，人生就可能发生巨变。从这条山脊上可以看到，下面和远处是一片被大火吞噬过的景象，大片的树木因为日照不足而枯死了。这些遭到破坏的林地与长势旺盛的林地在边缘处相接，有的地方两边泾渭分明，有的地方则是两边徐徐过渡。我听说

① 1英尺=0.3048米。——译者注

事物总是从边缘地带生发出来的。例如，生态系统就是从它们的边界处向外扩展的，在那里，它们往往拥有更加丰富多彩的生命类型。

我的小木屋坐落在深冬积雪滋养的湿地和百年未遇过火患的云杉林之间。沿着这条边界，一切都生机勃勃：有白色树皮的杨树、野生紫罗兰、紫色的科伦比恩花，还有大胆的暗冠蓝鸦、鬼鸮、雷鸟和野火鸡。一到夏天，高高的湿地草丛和莎草丛就成了田鼠、林鼠等的庇护所，它们都是猛禽和山猫的猎物。黎明和黄昏时在草地上觅食的驼鹿也要吃这些草。从 7 月下旬开始，多汁的覆盆子、小巧的野草莓和美味的紫色黑莓就会把我们这条山谷两边的山坡覆盖起来，我和熊肆无忌惮地在这里大吃特吃。

我发现人的精神状态也是个生态系统。这里的地形时而安全宜人，时而危险丛生，是我们人格这个更大的系统所内含的自然环境。我相信研究我们的内在生态是很重要的，这样我们才能认识到自身何时处于边缘地带，正处于从健康向病态滑落的危险之中。当我们真的沉沦于那些不太“宜居”的思想境界时，可以就地学习领悟。所谓边缘，恰恰是那些相互对立事物的交会之处。在那里，恐惧与勇气相遇，痛苦与自由相遇。坚实地面的尽头就是悬崖峭壁。在那里，我们可以看到更大的世界。在这样的险地，我们需要保持高度警醒，以免跌倒坠落。

我们的人生旅途也充满了危险和机遇，有时危险本身就是机遇。我们如何才能站在痛苦和自由之间的门槛上，做到兼听则明？由于对二元对立性的偏好，人们倾向于或是只认识到痛苦的可怕真相，或是只领悟到从痛苦中所能获得的自由。不过我相信，把我们生活大全景中的任何一部分排除在外，都会导致我们的认知版图缺损。

在地理、情绪、社会等诸多维度，生活都已经把我带进了复杂的地形之中。我遇到了种种挑战，有时候甚至到了快要难以承受的地步。这些挑战包括：在美国黑人民权运动和美国反战运动中担负组织工作；在一家较大的县医院以医学人类学家的身份工作；创立并领导两个修习和教育社区；坐在临终病人的床前表达关怀；在一所安全级别最高的监狱提供志愿服务；长时间地冥想；与神经系统科学家和社会心理学家们合作，开展一个以同情心为研究基础的项目；在喜马拉雅山区最偏远的地方开设诊所。我从这些经历中（尤其是从所经历过的坎坷和失败中）获得的教益，给了我一个出乎意料的观察视角。我逐渐认识到，认识生活的全貌，不去拒绝或否认那些降临到我们头上的东西，是具有深远价值的。我也认识到，我们自己的率性而为，以及遭遇的困难和陷入的“危机”，可能最终都算不上真正的障碍。实际上，它们可以成为通向更广阔、更丰富的内心和外部风景的入口。如果我们愿意探究我们所遇到的困难，就可以将其总结成一个对于现实世界的观点，这样的观点会更加勇敢、包容、自然而然，也会更加明智。其他许多曾在边缘坠落过的人也是这么做的。

何为边缘状态

多年来，我慢慢意识到人类有五种内在的和人际关系方面的品质，它们是使人类过上富有同情心的、勇敢的生活之关键。没有它们，人类就无法为社会服务，而且人类自己也无法生存下去。然而，如果这些宝贵的资源蜕变恶化了，就会显现为有害的危险景观。我把这些具有两面性特征的状态称为“边缘状态”。

这种边缘状态包括利他主义、共情、正直、尊重和投入（敬业），它们是思想和心灵资产，代表着关怀、联结、美德和力量。然而，我们也可能在这些品质中任何一项的高危边缘上失去稳固的立足点，从而滑入痛苦的沼泽。在那里，我们将发现自己被属于边缘状态有害方面的有毒浑水包围了。

利他主义可能会变成一种病态的利他主义。那些大公无私服务他人的行动，对人类社会以及自然界的福祉都是有必要的。但是有时候，我们那些看起来大公无私的举动会伤害到自身，会伤害到我们想要服务的对象，或是会伤害我们在借助其提供服务的体系。

共情会沦为共情痛苦。当我们能够感受他人的痛苦时，共情能让我们彼此靠近，能激励我们为他人服务，并扩展我们对世界的理解。然而，如果我们承担了他人太多的痛苦，并对其过于认同，我们可能就会受到伤害，并变得难以采取积极行动。

正直意味着有强烈的道德原则。然而，当我们牵扯进或者目睹了违反我们的正直、正义或慈善意识的行为时，就会导致我们感受到道德上的痛苦。

尊重就是我们对世间的生命和事物高度重视的态度。当我们违背价值观和文明原则，贬低他人或自己时，尊重就会被不尊重的有害泥沼吞没。

投入工作中可以给我们的生活带来目标感和意义，当我们的工作是为他人服务时，更是如此。然而，过度工作，加上有害的工作环境，以及感受到工作效率低下，往往会让人倦怠，甚至会让人身心崩溃。

正如医生在推荐治疗方案之前要先为病人诊断病症那样，我觉得有必要探讨这五种人类美德的破坏性的一面。沿着这个思路走下来，我惊讶地发现，即使在处于有害的一面时，边缘状态也能给我们带来教益，并使我们变得强大，这就像骨骼和肌肉在压力之下能得到强化，也正如在折断或撕裂后，如果护理得当，那么不但可以愈合，还会因此而变得更强壮那样。

换句话说，当我们失去立足点，滑下危险的斜坡时，这最终未必是一场灾难。我们甚至可以从所经历过的最严重的困难中获得谦逊、远见和智慧。艾丽丝·默多克（Iris Murdoch）在她 1970 年出版的《善的主权》（*The Sovereign of Good*）一书中，将谦逊定义为“对现实的无私的尊重”。她写道：“我们把自己想象得太过高大了。”这是当我坐在临终病人的床边，和护理人员在一起时发现的。通过与那些即将离世的和正在为其提供护理的人密切接触，我认识到，痛苦对病人和护理人员的影响是多么严重。从那时起，我从老师、律师、企业首席执行官、人权工作者和父母那里了解到，他们可能也有同样的遭遇。然后，我想到了一件非常重要但又非常显而易见的事情：要走出苦难的风暴和泥泞，要在力量和勇气的高危边缘重返自由，都要通过慈悲的力量来实现。这正是我要深入研究边缘状态是什么，以及它们是如何塑造我们的生命和世界的生命的原因。

淤泥生莲花

当对边缘状态有破坏性的一面展开思考时，我想起了波兰精神病学家和心理学家卡奇米日·东布罗夫斯基（Kazimierz Dąbrowski）所做的研究，他提出了一个被称作“正向不统整”（positive disintegration）的人格发展理论。这是一种关于心理成长的转换性机制，它基于这样一种观点：经历危机对我们个人的成长成熟是至关重要的。东布罗夫斯基的概念类似于系统理论中的一个原则：如果能够从崩溃的经历中学习，那么崩溃的生命系统就可以在更高、更强的层面上实现重组。

作为一名在马里和墨西哥工作过的人类学家，我也在当地社会的成人礼中看到了作为核心动力的积极分裂。这些启蒙仪式标志着重要的生命转折，旨在加深和强化人们的成长成熟过程。我与精神病学家斯坦尼斯拉夫·格罗夫合作，采用 LSD① 作为对濒死癌症患者的辅助性心理疗法，正向不统整的概念也在这项工作中反映出来。在这一当代的成人礼中，对于把直面自我痛苦作为一种心理转换方式所具有的价值，我了解到很多。

几年后，我听到了越南的一行禅师（Thích Nhât Hạnh，他的学生叫他 Thây）对这一理念的回应，这是当他谈到自己在越南战争中及随后作为一名难民所遭受的痛苦时说到的。他平静地说：“污泥生莲花。”

反思我们在服务他人时可能经历的那些困难，从病态的利他主义再到热情燃尽，边缘状态有害的一面也可以从正向不统整的角度来看待。古老池塘底部的烂泥也正是青莲生长需要的养分。东布罗夫斯基、格罗夫、一行禅师都提醒我们，我们所遭受的痛苦有助于我们的觉知，这也是智慧和慈悲之心最伟大的资源

① 即 D- 麦角酸二乙胺，是一种强烈的半人工致幻剂。——译者注

之一。

对正向不统整的另外一个隐喻与风暴有关。我在南佛罗里达长大。在我的童年时代，飓风每年都会把我们的社区吹得天翻地覆。湿漉漉的街道上躺着被吹断的电线，老榕树从坚实的泥土中被连根拔起，我家附近的西班牙式灰泥房子的陶瓦屋顶也被风吹得一干二净。有时，我父母会带着妹妹和我去海滩看飓风来袭。我们站在水边，感受风吹雨打。然后我们会快速回家，打开所有的门窗，好让大风从家中穿过去。

我曾读到过一位地质学家的传记，他的专业领域是海滩研究。他是在一场猛烈袭击北卡罗来纳州外海岸的飓风中接受采访的。这位地质学家对记者说："我很高兴能够在最短的时间内赶到那片海滩。"

停了片刻，记者问他："你希望在那里看到什么景象？"读到这里，我的注意力一下子变得更加敏锐。我以为地质学家会描述那里一片狼藉的景象，他却说："也许将会出现一片新的海滩。"

一片新的海滩、一条新的海岸线——这是暴风雨带来的礼物。这里也许有过毁灭和苦难，但也孕育着无限希望。

边缘状态是蕴藏着巨大潜力之所，在这种状态之下巧妙应对，可以让自己的理解更加迅速。然而，边缘状态又是一个变幻无常的领域，事情可能朝着任何方向发展：自由落体或坚硬的地面；水或沙石；淤泥或青莲。当被大风困在海滩或高耸的山脊上，我们可以努力地站稳脚跟，去欣赏此刻的风景。如果我们在知觉的边缘跌倒了，那么也可以从中悟出保持生活平衡是多么重要；如果我们发现自己陷在苦难的泥沼中，那么我们应该记住，正是这些朽烂的物质滋养着青莲；如果我们被刮到海里，那么即使是在暴风雨中，我们也许也可以趁此机会学会在大海中游泳。此时此刻，在大慈大悲的观世音菩萨佑护之下，我们甚至可能学会驾驭这攸关生死的滚滚波涛。

广阔的视野

有时候，我会把边缘状态想象成一块红色的岩石台地。它的顶部是坚实的，给我们提供了广阔的视野，但它的边缘是直上直下的峭壁，没有岩石或树木作为缓冲。边缘本身是敞开的，在那里，一时的疏忽可能会导致我们失足。台地的底部是真正的坚硬地面，跌到上面就会受伤。有时候，我也会想象自己掉进了一片黑暗的沼泽，久困于此。每当我试图获得解脱的时候，都会被更深地吸进这令人痛苦的烂泥中。然而，无论我们是跌到坚硬的岩石上，还是落在肮脏的沼泽中，离成为最好的自己这一高地，都还有很长的一段路要走，无论是安稳降落还是爬上岸来，都需要我们付出努力。

当我们意识到自己正处于悬崖绝壁之上，即站在利他主义、共情、正直、尊重和投入的高危边缘，尤其是当我们意识到一旦失足会发生什么后果，就会努力在那里站稳脚跟。这种认识可以激发我们基于自己的价值观出发去采取行动的决心，也能强化我们因易犯错误而应保持的谦卑态度。如果我们真的失足摔倒，或者脚下这方土地崩塌，就必须设法找到那条能回到高处的路。在那里，我们能够找回平衡状态和自己的压舱石，能牢牢地扎稳脚跟，还能够纵观全局。在理想情况下，我们大多数时候都可以学会不让自己从高耸的边缘落下。然而，我们的想法要服从现实，因为或早或晚，大多数人都会有从边缘坠落的时候。此时，我们无须对此下结论。真正重要的是如何利用好这段经历，把坠落作为一个转变的契机。

我认为，我们必须适应在边缘处行动，能扩大其边界，并发掘出自己在边缘状态的各种生态系统间找到平衡的天赋，以便我们能够获得更广泛的人生阅历。在边缘状态，我们可以发现自己的勇气和自由。无论我们遇到的是别人的痛苦和苦恼，还是我们自己的困难，都能让我们直面痛苦，让我们有望从中吸取教训，培养洞察力和韧性，并且开启我们的同情心这一珍贵的天资。

从某种意义上说，边缘状态就是我们看待事物的方式。这是一种看待和解释我们的利他主义、共情、正直、尊重和投入体验，以及这些体验的阴暗面的新方式。通过对这些强大而丰富的人类品质培育出更宽广、更具包容性和相互联系的观点，我们可以学会识别出：我们何时正立于边缘之地，何时正处在越过边缘的危险之中，以及如何回到属于最好的自己的高危边缘。

从那里，我们可以发现如何培养出一种包容性的视野——这是一种在我们内心发展的视野，是通过培养我们当面临生活的严重困难时，如何运用感情和理智的深层意识获得的。透过这个视野，我们也看到了无常的真相，相互联系的真相，还有无根性的真相。

当我们和一位垂死者谈论他的愿望时，当我们听到监狱的门哐当响起时，当我们正倾听孩子们的心声时，一个广阔的视野就会被打开。当我们在大街上与一个无家可归的人交谈时，当我们造访一名被困在希腊栖身于潮湿帐篷的叙利亚难民时，当我们与一个遭受酷刑的受害者坐在一起时，这个广阔的视野就会被打开。同样，它也能通过我们自己的痛苦经历打开。我们几乎可以在任何地方打开这样的视野。没有它，我们就看不到前面的边缘，看不到下面的沼泽，也看不到内心和周围的空间。这个视野提醒我们，苦难可以成为我们最伟大的老师。

互相依赖

我现在看待世界的方式是在受过许多影响之后成形的，我对边缘状态的看法同样如此。在20世纪60年代，我血气方刚，是个理想主义者。对许多人来说，那是一段艰难而又激动人心的岁月。我们对这个社会中的系统性压迫感到愤怒——种族主义、性别歧视、阶级歧视、年龄歧视。我们能看到这种压迫是如何助长战争暴力、经济边缘化、消费主义及环境破坏的。

我们想要改变世界。我们想找到一种方法来实现自己的美好愿望——既不失去它们，也不迷失在其中。在这种社会与政治冲突的氛围中，我开始阅读有关佛教的书籍，并自学冥想。在20世纪60年代中期，我遇到了年轻的一行禅师，通过他这个榜样，我被佛法吸引，因为它能直接化解个人和社会苦难，而且它的核心教义认为，对痛苦的转化正是通向自由和世界的福祉之路。我也钟情于佛陀强调以探究、好奇和调查作为通行于这条道路的工具，认同他建议我们不要逃避、拒绝痛苦，或者只是有限地承受痛苦。

佛教中相互依存、共生的观念也给了我一种看待世界的新途径——我所看到的，是那些看似独立的事物之间错综复杂的联系。正如佛陀对这一观念所做的解释："此有故彼有，此生故彼生，此无故彼无，此灭故彼灭。"当看着一碗米饭时，我可以看到阳光和雨水，还有农夫和行驶在道路上的卡车。

从某种意义上说，一碗米饭就是一个系统。在我开始学习佛法后不久，我就开始研究系统理论，这是一种把世界看作一系列相互联系的系统的方法。每个系统都有一个目的。例如，人体是一个系统，其目的（在最基本的层次上）就是活下去。整个系统要想达到最优运行状态，那么所有部分都必须各司其职——如果心脏、大脑或肺不能正常工作，我们就会死亡。在身体这一系统中，各器官的组织结构很要紧；我们不能混淆各个器官的位置。

系统的范围从微观到宏观，从简单到复杂。有生物系统（如循环系统）、机械系统（如自行车）、生态系统（如珊瑚礁）、社会系统（如友谊、家庭、社区）、体制系统（如工作场所、宗教机构、政府）、天文系统（如太阳系）等。复杂系统通常由多个子系统组成。在系统达到顶峰后，就会走向衰落，最终崩溃，为新的替代系统的出现腾出空间。

我之所以提到这一点，是因为边缘状态是一个相互依赖的系统，会相互影响，形成我们的性格。而且，系统是边缘状态发展的基础——人际关系、工作场所、机构、社会，以及我们自己的身体和思想。一旦系统衰落，我们就会遭遇毁灭。然而，通常会发生的情况是，一种新的更强有力的思维方式也会从崩溃中出现。

徒劳与勇气

我有一个朋友，他是一位敬业且技巧丰富的心理学家，但在从业多年之后，竟然陷入了一种感觉一切都毫无价值的情绪之中。有一次，他在与我交谈时坦承："我再也无法忍受听我的病人诉苦了。"他解释说，在他职业生涯的某个阶段，他开始感受到病人们所经历的每一种情绪，自己完全被他们的痛苦体验淹没了。就像不断处于阳光的暴晒之下，他终于被晒干了。有一段时间，他无法入睡，为了缓解压力，只好暴饮暴食。渐渐地，他陷入一个孤立无助、情感封闭的空间之中。"我丧失了对人的关爱之情，"他说，"我感到内心空虚、灰暗。"最糟糕的是，他开始怨恨病人，他知道这意味着自己将不得不退出这个行业。

他的故事是个例证，体现了当所有边缘状态汇集到一起时所产生的负面结果：当利他主义变得有害，当共情导致越俎代庖的痛苦，当敬业精神因为内心敏感性和无价值感的重压而崩溃，变成不敬业，并失去了正直的品性，当与病人站在一起会让自己感到精疲力竭时，又会发生什么情况呢？痛苦会偷偷爬上这位心理学家的心头，他的心开始慢慢死去。他再也无法吸收和转化痛苦，从而在他的工作和世界中发现意义。

在遭受这种痛苦方面，我的朋友绝非孤例。许多照护者、家长和老师都向我吐露过类似的感受。我的部分工作就是要解决这种由无价值感而引发的毁灭性的传染病，它导致人们缺乏同情心——然而，人们本来是应该互相关心的。

我还有一位朋友，是一名年轻的尼泊尔女性，她克服了重重困难，将不幸转化成了力量。她的名字叫帕桑·拉姆·夏尔巴·阿吉塔（Pasang Lhamu Sherpa Akita），是尼泊尔最伟大的女登山运动员之一。在 2015 年 4 月尼泊尔发生 7.8 级地震时，她距珠穆朗玛峰营地还有一个小时的车程。她听到了响雷一般的雪崩声音，这里的许多人因此遇难了。她立即出发去救援，但因为一次余震而被迫返回。

帕桑在加德满都的家已经被地震摧毁，但她和她的丈夫托拉·阿吉塔（Tora Akita）意识到，当在尼泊尔有许多人面临生命、家园和生计方面的损失时，他们必须有所反应。帕桑说："我在珠峰大本营时可谓命悬一线，但我最终还是能够安全逃生。我活了下来。我想，我能活下来一定是有原因的。我和我丈夫说，'我们必须为那些处于危难之中的人们做些什么。'"

在加德满都，帕桑和托拉开始招募年轻人，他们雇卡车把大米、扁豆、油、盐和防水布运到位于震中的辛德哈帕克洛（Sindhupalchowk）地区。一周又一周，她带着搭屋顶的白铁皮、帐篷、药品和更多的防水布返回廓尔喀（Gorkha）地区，为村庄里那些劫后余生的人们提供帮助。她雇用当地居民在道路被山体滑坡冲毁的地方开辟出新的道路。她雇用成百的村民，把食物和补给品送到那些因地震破坏而完全与外界隔绝的灾民手中。雨季将至，这些人此时既没有食物果腹，也缺乏遮风挡雨的住处。

帕桑的行为是利他主义的，按说这种边缘状态很容易变成自伤。然而，在地震发生几个月后，当我与帕桑交谈时，我从她的声音中只听到了无限的善意、能量和奉献之情，别无其他。她因自己和丈夫能够为灾民们施以援手而感到非常欣慰。

我的心理学家朋友已经翻过边缘陷入崩溃之中，再也找不到来时路了。而我的尼泊尔朋友却傲立于她最美人性的边缘之处。为什么有些人没有被这个世界打败，而是被为他人服务的深挚愿望所激励呢？

我认为慈悲心是其中的关键。我的那位心理学家朋友已经与他的那颗慈悲心失联了；精疲力竭地工作使他的感情麻木了。玩世不恭的犬儒主义已经在他心里深深扎下了根。然而，帕桑则仍然能够以慈悲心作为立身之基，并让这样的情感指引自己的行动。因此，我把慈悲心看作人们能够脚踏实地屹立在高耸的边缘之地而不致坠落的保障。就算我们真的掉了下来，慈悲心也可以帮助我们走出困境。

一旦我们学会了识别生活中的边缘状态，就能站在变化的门槛上，看到充满智慧、温柔和人性本质善良的丰裕景象。与此同时，我们也会看到一个充斥着荒凉、暴力、失败和无价值感的世界。如果我们有力量屹立在这边缘之地，就可以从那些荒芜之地吸取教训——那是阴森的死寂之地，包括难民营、被地震摧毁的地区、监狱、癌症患者病房、无家可归者露宿之处和交战区。与此同时，我们还可以从自我与他人的本质善良中汲取力量。这是深入了解边缘状态的前提：我们如何培养能支持自己站在边缘之地的力量，并拥有一个包括我们生命方程式所有方面的更广阔的视野；如何在各种相互对抗的力量之间找到能够滋养生命的平衡点；如何在边缘之地找到自由；如何才能发现以苦难和同情为原料的炼金术，炼出性格和心灵的黄金。

STANDING AT THE EDGE

目录

第 1 章

STANDING AT THE EDGE

利他主义

愿我能在不知不觉中行善。

威尔伯·威尔逊·索伯恩（Wilbur Wilson Thoburn）

20 世纪 70 年代初，出于对生物学和海洋的热情，我来到位于巴哈马群岛的勒纳海洋实验室做志愿者。我的工作是给一位来自布兰代斯的生物学家帮忙，他当时正在研究一种聪明、神奇但生命周期短暂的章鱼，这种章鱼被称作普通章鱼。

这份工作为我提供了难得的机会，让我能亲眼看见一只被捕获的雌性章鱼在受精后产卵的过程。它产下成千上万颗晶莹剔透的泪珠形状的鱼卵，每颗都有米粒那么大，这些鱼卵从它的身体中喷出来，连在一起，像长带子一样漂在水中。几个星期过去了，那章鱼妈妈就像一朵云一样漂浮在这些带子的上方，既不捕食，也不进食，只是把这些处于孵化中的疙疙瘩瘩的卵带周围的水轻轻地搅动起来。它在这些卵带的上方盘旋着，让它们能得到氧气。不久，章鱼妈妈几乎一动不动，它的身体慢慢地开始解体，当小章鱼苗孵出来时，母体就成为它们的食物。章鱼妈妈为了喂养它的后代而死，它的肉体成了小章鱼苗的圣餐。看到这个美丽的生物消失在眼前，我既困惑又感动。虽然它的牺牲本身不是利他主义，而只是这个物种自然生命循环的一部分，但这只章鱼妈妈给我提出了很多关于人类行为的问题——利他主义、自我牺牲，以及自我伤害。

人类的利他主义何时是健康的？何时我们因为给了别人太多，以至于在这一过程中伤害了自己？ 当我们的利他主义可能是以自我为中心，并且不够健康时，我们如何才能认识到？ 在这个人们匆忙来去和漠不关心已是家常便饭的世界中，我们如何培育健康利他主义的种子？利他主义是如何越轨、越界的？

在后来与濒死者和被监禁的人接触时，当我以佛教教师的身份倾听父母、老师、律师和照护者们的故事时，我开始认识到利他主义其实就是一种边缘状态。这是一处高耸悬崖的窄窄的边缘，我们可以由此看到广阔的景象，但它也可能在我们脚下坍塌。

利他主义是指，以无私的行动来增进他人的福利，通常需要以我们自身的幸福为代价或担风险。当我们能够坚定地站在利他主义的立场上时，我们之间就不会潜藏着隐秘的指望和需求，就能简单地相遇。那些接受了我们的善良的人们可能就会发现对人类美德的信任，我们自己也会因为给予善良而变得丰富。

然而，当我们的身体和情感安全处于危险之中时，要做到脚踏实地是很难的；我们很容易失去立足点，坠落到那些有害的服务形式中去。我们可能会以损害我们自身需求的方式为他人提供帮助。我们可能会在无意中伤害那些我们试图帮助的人，因为我们的好心会导致他们失去力量，无所作为。我们可能“看起来”是在做利他的事，但我们的动机并没有坚实的基础。这些都是病态的利他主义形式，我们将会加以探讨。

当站在利他主义的边缘，只要能避免陷入利己主义和自我需求的沼泽，我们就会看到人类善良和智慧的广阔景象。如果我们发现自己真被困在沼泽里了，那么就此挣扎一番也未必是徒劳无功的。如果我们能够克服这些困难，那么可能需要清楚我们是如何走到这一步的，以及如何才能避免再次从边缘坠落。我们也可能由此学得更谦卑一些。这是一项艰苦的工作，但也是一项很好的工作，可以塑造我们的性格，有助于我们变得更聪明、更谦虚、更有韧性。

站在利他主义的边缘

“利他主义”（altruism）这个词是由法国哲学家奥古斯特·孔德（Auguste Comte）于1830年创造的，是从“vivre pour autrui”（为他人而活）这个词衍生而来的。对于“人人为自己而活”这一自私观念，利他主义是一剂解药，它成了一种基于人道主义而不是宗教的新的社会信条。利他主义是非宗教信徒的道德准则，它脱离教理而存在。

那些以最纯粹的利他主义原则行事的人，并不是在寻求社会认可或赞许，也不是想得到更好的自我感觉。当一名妇女看到一个素不相识的小孩子在马路上游荡时，她不会认为，救这个孩子会让我成为一个好人，但她就是会冲到路上抱起孩子，却把自己的生命置于危险之中。事后，她也许也不会过多地赞美自己。她可能会认为，她只是做了她必须做的事情，换了其他人也会这么做。孩子平平安安，毫发无损，会让她感到舒心。这个例子告诉我们，利他主义比一般性的慷慨大度走得更远了一步；它需要自我牺牲或是要冒实实在在的风险。

2007 年，建筑工人韦斯利·奥特里（Wesley Autrey）跳下曼哈顿的地铁站台，去救卡梅隆·霍洛佩特（Cameron Hollopeter），后者是一名学习电影专业的学生，因癫痫发作不幸从站台跌落到铁轨上。

奥特里迎着飞驰而来的列车，跳下去把霍洛佩特拉到一边。火车太快了，奥特里只好扑倒在霍洛佩特身上，两人一起滚落到两条轨道之间一条一英尺深的排水沟中。他刚把正处于癫痫发作中的霍洛佩特压低，火车就朝着他们驶了过来，甚至还擦到了奥特里的针织帽子。此时，奥特里完全没有想到自己，完全是直情径行，只是出于一心想要拯救同类生命的冲动。

后来，奥特里似乎被自己所受到的所有这些关注和赞扬搞晕了。他在接受《纽约时报》采访时表示："我不觉得自己做了什么了不起的事情。我只是刚好看到有人需要帮助，便做了我认为自己应该做的事。"

我认为奥特里的事迹是出于纯粹的利他主义。我们都有利他的冲动，但并不总会这样做。地铁站台上的其他人无疑也看到了霍洛佩特癫痫发作，也能意识到他需要帮助，但他们也明白，如果伸出援手，那么他们自己可能会在这个过程中丧生。只有当为他人服务的冲动压倒恐惧和自我保护的本能时，利他主义才会产生。值得庆幸的是，奥特里有足够的智慧来拯救他人的生命，而且自己也能安然无恙。

在我们这个星球上，人们每天都在基于本初的利他主义而相互服务。比如：那些勇敢地治疗感染了埃博拉病毒患者的非洲医生；那些向遭遇了 2015 年恐怖袭击的逃难者敞开大门的巴黎人；那 3000 名勇敢的叙利亚志愿者，在炸弹落在平民社区后，他们的第一反应就是去抢救幸存者。在我们这个让人忧心忡忡的世界上，我觉得能听到这样的故事是很重要的，它能让我们对人类心灵的美好和力量保持信心，并记住利他主义是多么自然的事情。

自我、自私，抑或无私

现在，再让我们把目光转向那名把孩子拉出车流的妇女。如果此后她觉得，我能这样做，说明我就是一个好人，那么这种沾沾自喜的想法会让她的行为所体现出的利他主义黯然失色吗？对利他主义最严格的定义是不允许自我介入的，无论是在行动之前还是之后。利他主义的特征就是，这是一种无私的行为，是为了造福他人，不期待外部的回报（如感激或条件交换），也不期待内部的回报（如更高的自尊水平甚至是更好的情绪健康）。纯粹的利他主义者“没有得到什么的念头”。对此，铃木（祥岳）俊隆（Shunryū Suzuki-rōshi）禅师的观点就是，从这种利他的行动中，他们没有任何收获，他们根本就不是自私的人。

伟大的冥想修行者和一些天生富有同情心的人有一颗无限的心，在任何情况下都愿意为他人服务。没有自我，没有其他考虑，对所有人都怀有一视同仁的善意。然而，我们大多数人都只是普通人，对我们来说，从为他人服务中获得某种满足感完全是人之常情。

是否存在纯粹的利他主义？这一直是心理学家和哲学家们争论的话题。根据心理利己主义理论，没有哪种服务或牺牲行为是纯粹利他性的，因为我们通常至少会受到一些个人满足感的激励，或者在帮助他人之后感到一点自我提升。这一理论可能认为，在人类心理的现实世界中，不存在纯粹的利他主义这样的事情。

佛教则秉持更为激进的立场，认为利他主义和慈悲这种“姐妹”情感，都可以完全摆脱自我这个小我。利他主义可以自发地、无条件地对他人的苦难做出反应，正如奥特里所做的那样。佛教还认为，无私地关心他人的福祉，是我们本性的一部分。通过冥想练习和合乎道德的生活，我们可以抵制自私的诱惑，回到内心深处的家园，爱所有的人，对他们一视同仁。这个位于内心深处的家园，无畏地渴望结束他人的苦难，不会厚此薄彼。

一行禅师写道："当左手受伤时，右手会不假思索地去照顾。它不会停下来说'我在照顾你，你正受益于我的爱心'。右手很清楚，左手右手根本不分彼此。它们之间没有区别。"这是一种没有所指的利他主义，并不会偏向家庭成员、朋友或其他团体成员。

约瑟夫·布鲁契克（Joseph Bruchac）所写的一首诗歌，就传达了平等关怀众生的深沉而谦卑的情感。

鸟足爷爷

路上的小蟾蜍们被我们的车灯晃晕了，不停地蹦着
多像是有生命的水珠啊
老人总是让我们停车，停了三十多次
他跳下车，把这些小蟾蜍收在手里

雨正下着
老人的白发上飘着一团雨雾
我不住地对他说
你没法把它们全救下，接受这一点吧，上车吧
我们还得赶路呢
但是
他皮革一样的手掌，捧满了这些棕色的湿漉漉的小生命
在夏日路边齐膝高的草丛中，他只是微笑着说，
也要让它们有地方去啊

这首诗中描写的这位老人，就是一位佛教中的活菩萨，他宽厚地挽救众生脱离苦海。老人总是让司机停车去救这些蟾蜍，虽然这意味着要冒雨在这条黑暗的路上折腾更长时间，但他微笑着，看起来这就是正在体验佛陀所说的那种“利他的喜悦”，这是他人的好运给自己带来的喜悦。

利他的喜悦被认为是一种真正能滋养心灵的品质。在这方面，佛教与西方哲学的观点是一致的，即对他人的好运感到高兴对我们有好处。我就能体会到这一点。当为他人做好事时，我的精神和身体会感觉更好，尽管感觉更好并不是激励我这样做的动力。最近有关社交心理的研究表明，不那么以自我为中心，更慷慨大方，是给予者获得快乐和满足的源泉。一项研究表明，很小的孩子（甚至是两岁以下的孩子），在给予他人食物时也往往比接受食物时感觉更好。另一项研究发现，把钱花在别人身上的成年人比把钱花在自己身上的人更有满足感。神经学家塔尼亚·辛格（Tania Singer）发现，慈悲心（利他主义的亲密伙伴）会触发大脑的酬赏中心和快乐网络。她认为人类天生善良。当我们出于善意行事时，我们会觉得自己与人类最深层的价值观是一致的。我们在行动中感到快乐，生活也变得更有意义。

相反，当我们的行为伤害到他人时，我们会感觉不舒服；我们常常失眠，变得易怒，甚至会出现更糟糕的状况。随着对因帮助他人而获得积极健康结果的记录越来越多（例如，增强免疫反应和延长寿命），我们可能很快就会面临一波假性利他主义者，这些人帮助他人只是为了活得更长、更健康。当然，这可能也不坏。

忘掉自我

在我看来，利他主义最感人的例子之一，是已故英国人尼古拉斯·温顿（Nicholas Winton）的故事。1938 年，在纳粹占领捷克斯洛伐克的过程中，温顿组织了将 669 名儿童从捷克斯洛伐克运送到英国的行动，其中大部分是犹太孩子。他确保他们乘火车安全通过欧洲，并为每一个小难民在英国找到一个家。这是一次极其冒险、无私的行动。他甚至在长达 50 年的时间里都没有将此事告诉他的妻子。虽然他对成名并不感兴趣，但他妻子在 1988 年清理阁楼时发现了他的剪贴簿，并向 BBC（英国广播公司）讲述了这件非同寻常的事情，最终他还是因此而出名了。

那一年，BBC 邀请温顿参加一个名为《那就是生活》的节目。在他不知情的情况下，他救过的那些人（当时已有五六十岁了），也受邀来到现场。主持人说："在今晚的观众中，有没有人把自己能够活下来归功于尼古拉斯·温顿？如果有，请站起来好吗？"结果，所有的观众都站了起来。温顿拥抱了站在他旁边的女人，热泪盈眶。

我们可以问问自己，我们是否真的知道温顿的确切动机，以及他的行为是否在某种程度上将他的自我意识具体化了。2001 年，当《纽约时报》记者问温顿，当年为什么要这样做时，他谦逊地回答道："当意识到这个问题——这些孩子都处于危险之中时，你必须给他们提供一个避风港，但当时并没有哪家机构这么做。我为什么要这么做？为什么人们会做不同的事情？有些人喜欢冒险，有些人就算看到树叶落下也怕砸到头。"这是对他非凡勇气的有趣的个人评价。

温顿看到了这种需要，看到了自己的能力，也有积极冒险的欲望。如果说他从自己的行动中感到了某种"满足"，那么我们会改变对他的看法吗？我认为不会。拯救 669 名儿童的生命当然会得到人们深深的赞许。他的行为在几代人中产生了如此深远的影响，以至于我们唯有庆幸，这件事幸好发生了，才会让这么多人受到福泽。温顿活得很长，于 2015 年去世，享年 106 岁。

正如奥斯威辛集中营的幸存者、精神病学家维克多·弗兰克尔（Viktor Frankl）所言："生而为人，我们总是会被指向、被引向自己之外的某物或某个人……一个人越是忘记自己（通过给自己一个理由去服务或去爱另一个人），就越有人情味。"

从利他主义的边缘坠落：病态的利他主义

有时，保持健康的利他主义是很难的；当我们站在利他主义的悬崖边缘时，很容易摔伤。当我们因过分地帮助别人而忽视了自己的需求时，就会开始怨恨我们所帮助的人甚至是所有这类情形。我认识一个女人，她曾夜以继日地照顾身患癌症的母亲。她累得疲惫不堪，还为自己没有办法减轻母亲的痛苦而感到沮丧，并为自己如此沮丧而感到内疚。最终，她把愤怒转向了母亲，然后又转向了自己。她觉得自己失去了信心，既对不住母亲也对不住自己。

当利他主义从无私的善良转变某种义务、责任或恐惧时……或者我们因为只是一味付出而感到精疲力竭时，可能就会开始产生负面情绪。我记得曾听一位学校老师讲过，他为自己花了“太多时间”帮助贫困学生而感到生气。还有一位护士开始憎恨她曾经喜欢为之服务的病人，她为自己的心态变化感到羞愧。

我们可能会认为，既然帮助了一位病人、学生或亲戚，就获得了越俎代庖提供建议或控制他们行为的权力。有一次，我因身患严重的败血症而住院，很多人对我嘘寒问暖，让我应接不暇。最后，善巧禅修中心（Upaya Zen Center）的一位禅师明智地建议我，在门上贴一张“非请勿进”的告示。我一直在发烧和发冷中挣扎，有许多来访者来探望我，还会就如何康复而给我很多建议。这些善良的人每天都抽出时间来看望我，并试图提供帮助——但显然，我需要靠自己的体能来康复，而没法靠他们。我的脑子甚至搞不清他们到底在说什么，因为我的体温太高了。他们的助人需要似乎超过了对我处境的理解能力，也意识不到我其实难以接受他们的好意。一旦我们解决问题的焦急心情和需要占了上风，就很容易在利他主义的边缘倾覆。

如果我们能学会把利他主义视为一种边缘地带，就更能意识到这种地形中所蕴含的风险和危险，进而意识到什么才是最危险的——伤害他人、伤害我们自己，甚至是伤害我们所服务的机构。如果我们发现自己正站在一个摇摇欲坠的地方，可以学会感知，我们的行为在什么时候可能会把我们从危险的边缘推落下去。在最好的情况下，我们可以把自己从危险的处境中拉出来，重新回到坚实的地面上。

有害的帮助

一旦利他主义越过边缘，坠入深渊，就变成了病态的利他主义（pathological altruism）。这是社会心理学中的一个术语，源于恐惧的利他主义、对社会认可的无意识需求、为他人解决问题的冲动，或者不健康的权力机制，都很容易越过界线造成伤害。这可能会带来严重后果，从个人倦怠到国家失能都在其中。无论是在父母、配偶、临床医生、教育工作者、政治家、援助工作者的生活中，还是在个人生活中，揭开病态的利他主义表现的面纱都是至关重要的。认识到并指出这一现象使许多人感到惊讶，他们发现自己就正因为良好的意愿“跑偏”而滑下了危险的斜坡。

芭芭拉·奥克利（Barbara Oakley）博士和她的同事们在《病态的利他主义》（*Pathological Altruism*）一书中探讨了这种有害的帮助。他们这样为病态的利他主义下定义：“为他人或其他一群人谋福利的行为反而会给对方造成伤害，而外部观察者会认为这种伤害是自然而然的。”

病态的利他主义的一个常见例子是相互依赖。在这种情况下，我们因为关注他人的需求而损害了自己的需求，这往往会导致上瘾行为。我认识一对夫妇，他们让 25 岁的儿子暂时住在地下室里，这个年轻人酗酒，而且失业了。这对夫妻不想在儿子没有工作和房子的情况下把他赶出家门，但他的出现的确使他们的家庭经济状况陷入了困境，夫妻之间渐生龃龉，婚姻也受到考验。他们试图让他去匿名戒酒协会或住院康复，并为他找到了一份临时工作，但控制他的行为及酒瘾和毒瘾的尝试总是事与愿违。对他们的儿子来说，有一个免费的住处并不是一件好事，因为这样他就没有改变现状的动力了。

除了相互依赖，奥克利博士还列举了其他病态的利他主义的表现，包括“动物囤积症”和“直升机式”父母。我们都知道，已养了一只猫的女士总是难以拒绝再收养一只流浪猫。还有一位父亲，为了“帮助”在化学考试中得 C 的儿子，向学校的管理人员提起联邦诉讼。其实，以他儿子的水平也就能得这么个分数。

我在工作中也看到许多人陷入病态的利他主义的陷阱中：一名护士为了照顾垂死的病人，长时间不吃不睡地工作；一位社会活动家在她的办公室里扎营，这样她就可以随时待命；某社会救济组织的首席执行官由于满世界飞行而长期为倒时差所苦；一位帮助希腊难民的志愿者，因目睹了所有的苦难而经历着太多感同身受的痛苦。

父母、教师、卫生保健专业人员、司法系统内的雇员，以及在危机情况下工作的活动人士，尤其有可能因直面他人的痛苦而变为病态的利他主义。其结果可能表现为怨恨、羞愧和内疚，也可能表现为其他边缘状态的有害方面——共情痛苦、道德痛苦、不尊重和倦怠。

此外，把自己看成“拯救”“解决问题”和“帮助”他人的人，会助长我们潜在的权力倾向，让我们变得妄自尊大、自恋，甚至是欺骗自己和他人。关于病态的利他主义，有一个特别令人不安的故事，它涉及一个自称在亚洲和非洲从事卫生和人道主义救援工作的组织。该机构不仅向资助者谎报其工作范围，而且还不向其在不同国家雇用的当地工作人员支付工资。像这样违反道德的行为都源于自我欺骗。我的直觉是，他们在开始工作的时候，显然是想为公众服务的，但最终却屈从于为了筹集资金而给组织贴金的需要。当然，资助者最终意识到发生了什么事情，因此切断了资金流。然而，危害在此时已经四处泛滥开了。

在系统层面上，病态的利他主义发生在帮助那些因遭遇实际伤害而本应得到服务的组织或人民的时候，例如，在外援出了问题的情况下。从我的经验来看，还有很多这样的例子，包括在难民营中提供医疗服务的临床医生们，他们没有为当地人提供激励或培训，这就使难民们更加依赖外部提供的医疗救助；非政府组织引进西方产品或服务，而不是给当地企业家提供资助和培训，以满足其需求；还有那些“有毒的慈善机构”，虽然提供了资金，却未提供技能发展的机会，这导致接受资助的一方对外部支持来源的依赖更加严重。

当西方人认为自己可以拯救世界时，人们这么做可能不仅出于善意，也是出于傲慢。作家考特妮·马丁（Courtney Martin）指出，从远处看，其他人的问题似乎很奇异，也很容易解决。她说，虽然这种倾向通常不是恶意的，但“它可能是鲁莽的，当好心人试图解决问题却不承认其潜在的复杂性时，就会产生真正的不良后果”。

相反，马丁敦促我们要转而“以此为家，要钟情于长期目标，要直面系统复杂性。或者说，有必要时可以离开，但一定要待得足够久，要用心倾听，要让那些‘他人’成为你眼中有血有肉的人。不过，请注意，‘拯救’他们看起来并没那么容易”。要正视另一种文化的问题，真正地去倾听，也许是保持利他主义健康一面的唯一方法。

有些人过分执着于帮助别人，以至于他们自己的福祉受到了损害。拉里莎·麦克法夸尔（Larissa MacFar-quhar）在《陌生人溺水》（*Strangers Drowning*）一书中，介绍了美国的“行善者”，他们把帮助陌生人作为自己一生的使命。她的这些研究对象们放弃了日常奢侈品（如餐馆的美食和音乐会门票），这样他们就可以把钱寄给发展中国家的家庭，并计算出通过自己省吃俭用挽救了多少生命。麦克法夸尔在不预设立场的前提下来观察这一现象；她记录了令人开心、振奋的慷慨时刻，以及骄傲和内疚交织的令人不安的时刻。她的一些研究对象是有效利他主义（effective altruism，EA）运动的成员，该运动利用数据分析来预测，为哪里捐赠会对需要帮助的人产生最大影响。EA 敦促其追随者将捐赠与情感分离，称“多愁善感”会妨碍财务绩效。

关于病态的利他主义，奥克利博士还警告说，不要把我们的情感与给予相混淆。她写道：“最重要的是，如果我们的善意只是随着自我内心的情感走，这样的情感基础就会误导我们，让我们不知道到底什么才真正对他人有益。”奥克利暗示，“严厉的爱”这一方式，如父母把住在地下室的儿子赶出去，可能才是更加利他主义的做法。

我认为，这要视情况而定。从佛教的角度来看，关心、爱、善良、慈悲和利他的快乐都是非常宝贵的品质。然而，有时帮助反而是害。在这里，智慧是必不可少的。佛教徒并没有把智慧与慈悲分开。这些品质是我们基本人性的一体两面。

健康与否

在佛教中，通常认为割肉饲虎的故事体现了无私文化的本质，是慷慨、利他和慈悲的表现。然而，在另一种解释中，这可能是一个病态的利他主义者的故事。

在茂密的森林里，有一位菩萨（有一天会化身为释迦牟尼）和他的两个兄弟遇到了一头饥饿的母老虎，它正准备喂养自己的幼崽。两个兄弟去给虎崽找吃的，但是菩萨出于一种纯粹的、无条件的利他行为，躺在了虚弱的虎妈妈面前。他用竹签刺穿自己的脖子，这样母虎和它的幼崽就能更轻松地以他的身体为食。

我们可以把这个故事看作一种对我们投身于狂热的善良行为的鼓舞，但这毕竟是一个传说，不能太当真。不过，从另一个角度看，它为那些违反佛教第一条戒律的行为提供了合理的理论解释，这条戒律要求我们不应该伤害众生，包括我们自己。这个故事也可能会鼓励殉难行为。这个故事中的菩萨献出了自己的生命，如果严格从字面上去理解，他似乎越过了一条危险的界线。

佛教经典中有许多殉难故事。早在公元五六世纪，就有关于受人尊敬的僧尼自焚以示抗议和作为供奉的传说。献祭与佛教有什么关系？佛教是非暴力和无害的典范。然而，后来我想起了越南僧人释广德（Thich nhat QuảngĐức）的故事。

火莲花

1963 年，在越南战争爆发几年之后，我在报纸上看到了一张照片，它深深地印在了我的心上。照片是关于越南僧侣释广德的。为了抗议南越政府迫害佛教徒，释广德在西贡的一个繁华路口，用汽油引火自焚。他坐在街上，身下有一个坐垫，身体姿势宛如莲花，保持着绝对的寂静。在他身后，有个汽油桶。这位顽强的僧人静静地坐着，任熊熊火焰吞噬了他的身体。

我感到惊骇。我想，是什么促使这位僧人自焚呢？他的性格和思想是如何发展起来的，竟使他在火焰吞噬身体时还能保持直立？我犹记得自己当时在想，这场战争必须停止。正是因为我被这幅画面打动，所以我才动情地站出来大声反对战争。从那以后，当我继续坚持非暴力是通向和平的唯一道路时，这张照片对我来说一直是一种精神上的触发器。颇具讽刺意味的是，我作为和平使者的事业的触发器——不，是灵感——竟是这样一种极端的自我暴力行为。

美国新闻协会（API）的摄影记者马尔科姆·布朗（Malcolm Browne），因拍下一张释广德在烈火中的照片而获得了普利策奖，而这张照片也成为越南战争中最具标志性的画面之一。它是苦难和永恒的缩影；对于许多人来说，这也是利他主义的终极表现。在接下来的几个月或几年中，也有其他佛教僧人学着释广德的样子，走上了这条道路，其中包括一枝梅（Nhất Chi Mai）[①]，她是我老师一行禅师的学生。一行禅师经常谈到一枝梅姐姐，经常重复她的那句话："我奉献出我的身体，作为一把驱散黑暗的火炬。"

在释广德自焚几年后，我遇到了年轻的记者戴维·哈尔伯斯塔姆（David Halberstam），他是当时在场的为数不多的记者之一。当哈尔伯斯塔姆向我们讲述他亲眼所见的细节时，可以看得出他对这件事的方方面面都深感不安。我不记得那天晚上他说了些什么，但我至今仍记得他那双空洞而疲惫的眼睛。他似乎被眼前的一切惊呆了。后来，他写道：

> 我又看到当时的景象了，但愿仅此一次足矣。火焰是从一个人的身体上发出来的；他的身体正在慢慢地枯萎、皱缩，他的头也在碳化变黑。空气中

---

① 出生名潘氏梅，法号释女耀煌。——译者注

满是烧焦人肉的气味；人体的燃烧速度快得惊人。在我身后，我听到人们正在聚集起来，放声哭泣。我太震惊了，以至于我完全哭不出来；我也太困惑了，以至于难以提笔记录，也提不出问题，头脑更是混乱到难以思考……在燃烧的过程中，他的肌肉一动也不动，也没发出任何声响，他表现出的镇静与周围人们的哭喊形成了鲜明对比。

释广德的自焚行为在佛教徒及非佛教徒之间都引发了很多争议，牺牲一个人的生命以造福他人究竟是否符合伦理？一枝梅姐姐的殉难也引发了同样的问题，比如，这么做的利弊界限在哪里？这个界限由谁来确定？

他们的肉体所遭受的巨大伤害是否抵消了他们在引起国际社会对这场战争的关注方面所起的好作用？他们行动的动机是什么？是坚信这一行动最终将拯救他人的生命，还是对他人遭受的痛苦极其不能容忍？殉难对社会变革是有价值的，还是被蒙骗的、有害的？

佛教探索自我与他人之间的联系。我的感觉是，释广德和一枝梅姐姐是从一个无我无他的立场出发来做这样的事情的。他们感觉到不公平和痛苦，觉得自己有能力改变它，于是就付诸行动——自我牺牲的行动。站在那样的立场上，为别人做事情和为自己做事情之间并没有界线。

在我看来，一枝梅姐姐和释广德的行为，在某种程度上超越了帮助与伤害的范畴。他们激起了一场围绕非正义战争的抗议，这可能挽救了许多人的生命。然而，这两个人以令人震惊的痛苦方式死去了。在对他们的自焚行为进行了近50年的深刻思考之后，我现在觉得，当我们看待他们这种终极性的自我牺牲行为时，必须认识到其英雄主义的一面和伤害的一面，还有其获得利益的一面和付出代价的一面。我开始理解利他主义作为一种无私行为的深刻价值，也对它的阴影有了一些洞察。对这两种观点兼收并蓄，促使我将利他主义视为一种边缘状态。我突然想到，无论是意图还是结果，都会影响我们对某种行为是否属于病态的判断。如果韦斯利·奥特里为了救卡梅隆·霍洛佩特把自己的命也搭上了，我们可能就会说他的行为是病态或愚蠢的。

我们必须做到对这两种观点兼收并蓄，才能获得正确的“景深”——因为在通常情况下，我们难以在任何特定时刻都看清整个画面。我们的观点取决于我们所处的立场。因此当讨论任何表面上看起来属于利他主义的行为时，都需要进行深入的探讨，并保持开放的心态。在最好的情况下，利他主义和我们对利他主义的认知，都需要建立在超越自我利益的能力、对环境敏感的能力，以及对模棱两可和根本上的不确定性状态愿意接受的基础之上。

利他主义偏好

释广德和一枝梅姐姐的行动提示人们，殉难可以被视为一种利他主义的极端形式。对此，有些人会说这是病态的。更常见的那些病态的利他主义形式，即我们从日常生活中了解到的那些形式，尽管没有那么复杂，但也可能是危险的。

当我们为他人做好事时，我们必须注意，这不是为了我们自己能在情感方面有所收获。宗教对这种动机提出了警告。登山宝训（Sermon on the Mount）是我年轻时的灵感来源，其中载有耶稣对那种为得到认可而行善的行为的谴责。用佛教的术语讲，当我们为他人服务以获得社会认同时，它可能会使我们对自我的意识得到强化，并导致我们对“好人”身份的执念。

我还记得我的第一位禅宗师父崇山行愿（Seung Sahn）禅师，曾经不经意地问我最近过得怎么样，于是我把我最近所有的“善行”都向他尽述了一遍。他听完，停了下来，向我咆哮道：“你是个坏菩萨！”我觉得自己好像被闪电击中了。怀着深深的羞愧之情，我认识到，虽说自己为与社会公正有关的事业干到筋疲力尽，但我在累坏自己的同时其实也使得他人能力荒废，因为我这完全是李代桃僵的做法。此外，我显然也很想获得老师和其他人的认可。我为此感到懊恼，但也很感激崇山行愿禅师给我上了严厉的一课。

从另一方面说，因能够助人而感觉良好，这真的不好吗？也许因能为他人服务而感到快乐是很重要的。这在很大程度上取决于我们的价值观、动机和意图。如果我们的动机是为了让自我感觉良好，或是获得他人的赞赏或尊重，我们的行为就会因受到自我需求的影响而大打折扣。不要问“这个行为能证明我是个好人吗”，或者“这样做会让我感觉良好吗”，而要问“这将如何造福于他人”。

已故藏传佛教宗师邱阳创巴仁波切（Chögyam Trungpa Rinpoche）创造了“精神唯物主义”（spiritual materialism）一词。遵循这种理念的殉道者，试图通过各种方式积累“精神”凭证，包括表现出“利他主义”，以强化自己的精神身份。立志于造福他人是殉道者们精神生活的一个重要方面，有助于他们安排好自己生命中的轻重缓急，并能深化其修行。然而，如果我们一开始就把利他主义作为一种提升自我意识的方式，它就变成了一个陷阱。以现实为基础的一点谦逊，可能有助于缓和他们对认同和欣赏的需要。

病态的利他主义的某些方面与性别有关。在我的青少年时代，母亲是一位红十字会义务女医务人员（因着灰色制服故又被称为“灰衣女士”），她在迈阿密的一家军队医院提供志愿服务。一直到去世前，她还是一位医院志愿助手（又被称为“粉衣女士”），负责给在北卡罗来纳州住院的老年病人送杂志和书。她一生都在为别人服务。她是一位利他主义者。与此同时，她的利他主义被寻求社会承认她是一个好人这种微妙的自我需求中和了。我相信是身为女性的身份，让她的动机产生了小小的偏差。受到崇山行愿禅师的严厉训导后，我意识到，我自己也有这种扭曲。

无论是作为妻子、母亲，还是作为一名照护者，女性往往通过利他主义在社会上获得坚实的支点和权力。许多妇女也有在家庭、社会和文化环境中受压迫，或屈从于鼓励自我牺牲的宗教价值观的经历。当听到女临床医生、女性社会工作者、女教师、女律师和女高管们谈论她们的职业所面临的挑战时，我开始理解性别认同在利他主义的生活方式中所扮演的角色，以及它是如何通过过度行为造成伤害的。诚然，许多男性也面临同样问题，即需要通过我所说的“殉难式服务”

来获得社会认可，但我注意到，女性往往背负着额外的负担，这造成了对她们自己和他人的伤害。

奥克利就此提出一个术语：利他主义偏好（altruism bias）。对于人们在共情和关爱方面的表现而言，这是来自社会、文化和精神方面的期待。我们许多人倾向于利他行为，即使它可能不适合当时的情况。我们可能会忽略自己所提供的帮助没有发挥作用的迹象，再次将我们有毒瘾的配偶保释出狱，因为我们相信帮助我们所爱的人克服毒瘾是我们的职责。我们也可能会陷入自以为是或是陶醉于充当救世主的角色，在这种情况下，我们会无意识地寻求社会对我们那些关爱他人的努力的认可。

然而，利他主义偏好并不是一件坏事。从地铁列车的虎口下救出一个癫痫发作的年轻人，或是把医疗服务送到喜马拉雅山区虚弱的村民那里，或是对即将死亡的邻居伸出援手，或是把孩子从纳粹死亡集中营中救出来，这都是一些天职，尽管充满风险和困难。经验告诉我们，利他主义偏好是大有必要的。如果我们的父母不倾向于某种程度的利他主义，我们就不会在婴儿期存活下来。如果没有利他主义偏好，我们每个人就不是真正的自己了。

不过，对利他主义偏好还有其他一些更有趣的考量因素。例如，我们在精神和宗教传统中发现的那些伦理体系，以及利他主义本身的人文主义概念，都强化了利他主义偏好。这些认知和文化系统，再加上我们的个人价值观和经历，可能都会造成无意识的倾向，让我们看不到什么才是真正有用的。受这些系统的影响，我们可能会被欺骗，从而忽视从我们的直觉、良知、身体和思想发出的警报信号。即使我们从朋友或同事等观察者那里得到反馈，我们仍可能继续推行以自私为基础的利他主义，从而为此付出巨大代价。在此之后，这些无意识的偏见和自我欺骗的过程，也可以帮助我们合理化那些偏离正道的行为。当我们检讨过去时，可能会说“我认为这是一件正确的事情”，或者“这让我觉得自己是个好人”。

我在尼泊尔、墨西哥和非洲一些国家，以及在中国西藏的工作经验告诉我，利他主义偏好不仅会对个人产生负面影响，还会对系统产生负面影响，导致制度化和系统性的暴力。一些国际援助机构经常未能对其项目的影响进行充分研究，他们试图服务和改善某些局面，但并不了解在此等局面之下人们所遭受苦难的复杂性。

在善巧禅修中心，当我们准备就 2015 年春天发生在尼泊尔的地震灾难采取响应行动时，我们决定采取不同的方法。从我们在尼泊尔实施多年的医疗保健项目中，我们知道，聪明和积极的尼泊尔青年已经到达灾难现场，准备为地震幸存者服务。他们了解这片土地，可以通过社交媒体彼此交流，并与我们交流，也有精力和创意去提供服务。我们还认为，在向偏远的廓尔喀震中地区提供援助方面，通过大型国际非政府组织这一常规渠道，不如通过正在从事这项工作的当地年轻领导人中的骨干力量来实施更有效。我们还记得 2010 年海地发生的大地震，那次地震吸引了大量国际援助，但这些资源处于海地人的控制之外。有人把海地描述为“非政府组织的共和国”，海地的自我恢复力和自治系统的重建没有成为援助重点——救助资金管理不善，更糟糕的是，霍乱还是被联合国维和部队人员传入供水系统的。我们不想再犯这种对外援助上的错误，所以我们转向依靠那些年轻而值得信赖的尼泊尔同事们。

通过多年来在尼泊尔提供医疗服务，我们与喜马拉雅山偏远山区许多富有奉献精神的人们进行过合作。他们坚韧而有效率，熟悉当地情况。我们知道他们的日常开支很少，有人甚至没什么支出。他们与当地人民关系密切，知道什么对他们有用。我们还认为，他们参与援助工作可能是其发展领导能力的机会，地震灾难可能会为下一代尼泊尔人的领导力训练打开一扇门。

后来，正如我们所怀疑的那样，数百万美元的人道主义援助果然流入了尼泊尔政府的金库，而在撰写本文时，由于政治上的原因，其中大部分钱仍然搁置在那里。

当其他外国援助物资还堆在机场上或被压在尼印边境缓慢等待时，登山运动员帕桑及其丈夫托拉，以及其他许多尼泊尔年轻人组建的善巧团队（Upaya’s team），已经把成吨的食物、医疗用品和建筑材料送进了受灾地区。在我们和其他知名登山者的支持下，帕桑雇用了一些当地的失业者当搬运工，在地震灾区开出道路，这样就可以雇人将物资步行运送进受灾村庄。在善巧团队的资助下，帕桑还雇了一架直升机，将孩子们从大雄寺（Lho monastery）疏散出来——这些孩子已经被困在那里好几个星期了，没有足够的食物果腹。

托拉及其团队为地震幸存者们组织运送了成千上万的防水布、毯子、食物和衣服。在后续的工作中，他们重建了学校、尼姑庵、修道院、妇女中心和养老院。整个村庄都用更安全的建筑材料重修了屋顶。他们向地震幸存者及一些来自缅甸的罗兴亚难民持续提供医疗服务。尼泊尔境内的救援工作仍在继续，并且仍由这些年轻人牵头组织。

然而，如果一个美国的援助项目邀请美国承包商在海地、南苏丹或尼泊尔建造房屋，却并不雇用当地工人，就可能成为殖民主义的、家长制的作风，还会让人感觉其高人一等，这可算不上明智的利他主义。我想起了安妮·伊莎贝拉·萨克雷·里奇（Anne Isabella Thackeray Ritchie）在其写于 19 世纪的小说《戴蒙德夫人》（*Mrs. Dymond*）中留下的一句名言：“如果你给一个人一条鱼，他一小时后又会饿。但如果你教会他捕鱼，他的生活就会从此不同。”我相信真正的利他主义是教会人们捕鱼。我们的尼泊尔青年网络就是一个会捕鱼的集体，并且还会授人以渔。我继续自问：作为一名社会活动家、教育家、临床医生、父母和政治家，如何才能教会人们捕鱼？我相信，这个问题对于我们把利他主义理解为一种边缘状态是很重要的。在为他人服务时，如果我只是由着自己性子干，或者采取闭目塞听的态度，那么当我们的助人之举反而导致了一种不可持续的局面时，我们就越过了病态的利他主义的边界。

利他主义和其他边缘状态

各种边缘状态之间直接或间接地彼此影响着，并在彼此共振的过程中，或为我们提供支持或形成妨害。对那些正在遭受痛苦的人来说，健康的共情可以激发出善意、关心和利他主义情感。如果我们遇到有人正在被欺负，或遭受系统性暴力和直接虐待时，利他主义和正直品格会促使我们走上去进行干预。利他主义也是一个能让我们全身心投入的强有力的平台。然而，如果我们不能调节好自己的共情，就可能会遭受痛苦，无法为他人服务。我们也可能会做出防御性的且缺乏技巧的反应，从而对他人和自己造成伤害。

如果我们的利他主义行为与道德情感不一致，就一定会陷入道德痛苦。如果我们陷入了病态的利他主义，那么我们反而会以不尊重和蔑视的态度对待那些自己原本想要帮助的人。当利他主义处于不健康的状态时，结果往往是把自己搞得精疲力竭。然而，对走入歧途的利他主义［卡西·摩尔（Cassie Moore）称之为"帮助的妄想之路"］的勇敢洞察，可以将一个人的生活导向善与慈悲之境。

2016 年初冬的一天，善巧团队的成员们前往圣达菲无家可归者收容所，为 200 名无家可归者制作晚餐并提供服务。第二天，卡西所经历的一件事，激发她就利他主义写下了自己的一些体会：

> 在收容所为无家可归者做过晚餐后的第二天，我在梅西大街（Marcy Street）上与其中一名无家可归者不期而遇。站在人行横道中间，我们四目相对。我们的心也似乎交会在一起了。我意识到我并不害怕他。这种感觉对我来说很新鲜。此时，我这种不害怕的心态并不是粗枝大叶地把自己的警惕性抛到了九霄云外。我知道当一个身高不及 1.6 米的娇小女性闯荡世界时，她需要富有智慧的洞察力。那个男人向我微笑，他那长长的圣诞老人式胡须随之颤动。我也朝他点点头，就像鞠躬还礼一样。这种感觉很平常、很人性化——完全没有什么魔性，但意义深远。当我继续前行时，我感到内疚，就像有一颗冰冷的金属珍珠正在我的肚子里生长：啊，真是耻辱啊。

那些无家可归的人能坦然地面对我，我对此感到新鲜，这意味着什么呢？当然是感到有些羞耻。我并不是瞧不上无家可归者，一点都没有。我只是把他们看成另类了。我没把自己放在这种关系中，我只是把自己看作一名为他们奔走的人，是带着一颗拯救者的心来的。

突然间，我觉得这是一个卑鄙的烙印，一个关于帮助的巧诈而又让人不得不相信的故事，它隐藏着对痛苦的深切不安，并且从根本上说，我怀着这样的一个基本信念：我比那些需要帮助的人处在更高的层次上。我相信自己能够帮助他们解决问题，而这能让我远离痛苦。现在看来，这样的想法太令人恶心了。看起来，"解决"一直是我的幻觉高速公路，顺着这条路，我就能达到"问题已经解决"这同样的虚幻之境。最严重的是，除了我自己和住在这条街上的其他人之间的区别，它使我看不到其他任何东西了。

当卡西与这个流浪汉四目相对时，他们共享了一个联结时刻，这为卡西打开了一扇洞见之窗。她认识到，帮助、解决问题和拯救是不健康的利他主义形式。当她意识到她已经把他视为"另类"时，她体会到了道德上的痛苦（以羞耻的形式表现出来）。这种将对方视为"另类"的倾向，包含着一种不尊重的态度，这是另一种边缘状态。卡西并不是少数派，在我们的社会中，大多数人都会把无家可归者视为"另类"。一旦意识到自己在这个压迫体系中所起的作用其实很小，卡西就超越了病态的利他主义，转为慈悲心。

卡西的故事让我想起了雷切尔·内奥米·热梅恩（Rachel Naomi Remen）博士的一条重要教诲："帮助、解决问题和服务，代表着看待生活的三种不同方式。当你帮助别人时，你会觉得生活很脆弱；当你解决问题时，你看到的是破碎的生活；当你提供服务时，你看到的是整个生命。"对此，热梅恩解释说："帮助建立在不平等的基础之上。当我们帮助别人时，我们可能会不经意地从他们那里拿走比我们曾给予他们的还要多的东西——我们可能会削弱他们的自尊、他们的价值感，以及他们的正直品性和完整性。当我们帮助别人时，我们很清楚自己的力量。然而，我们不是用我们的力量去服务，而是用我们自身去服务。我们要运用自己的所有经验。我们的局限有用，我们的创伤有用，甚至我们的黑暗也有用。我们自身的完整性，有助于让他人完整，也有助于让生活完整。”

最好的利他主义就是一种对联结、关心、包容性，以及对他人福祉的责任感的强烈表达；是自觉地不以“帮助”或为他人“解决问题”为手段来剥夺他人的自主权；是认识到我们自己的生存与他人的生存分不开。就像尼古拉斯·温顿在第二次世界大战期间有勇气拯救那么多儿童一样，利他主义的特点是无我、不自私、勇气、慷慨，是一种相互关联的感觉，以及对所有生命的深切关怀。

我相信，我们的深层次工作是要建立起一个强大的内在人格根基，能辨识出那些伪装成善举的危险，并拥有必要的能力，能在这样的危险包围我们之前走出陷阱。然而，我们也可能成为自我欺骗、被误导的动机，以及在某一时刻对表扬的需求的牺牲品。一旦这一切发生，并且为我们所认识，我们就打开了谦卑这件珍贵的礼物——这是失败的馈赠。

支持利他主义的修习

1994 年隆冬，在伯尼·格拉斯曼禅师（Bernie Glassman）55 岁生日那天，他和他的夫人及朋友们坐在美国国会大厦的台阶上，思考着下一步应该做些什么以应对艾滋病危机。他们已经成功地在纽约扬克斯建立起了一家名为“格雷斯顿曼陀罗”（Greyston Mandala）的大型社会服务综合机构，包括格雷斯顿面包房、艾滋病诊所、儿童护理部、课后活动室、低收入者住房、社区花园等。然而，任何认识格拉斯曼禅师的人都知道，他正被一种躁动的、革命性的利他主义鼓舞着，这种利他主义总是让他走向那些更新、更激进的事物。

坐在国会大厦冰冷的台阶上，格拉斯曼禅师和夫人及朋友们开始思考“禅宗和平使者”（Zen Peacemaker Order，ZPO）这个由积极参与社会事物的佛教徒们组成的组织将会如何演变。他们不仅要让 ZPO 这个组织立起来，还要让以“不知道”“见证”和“慈悲行动”这三项原则为内容的修行变得更加切实可行，这是一条培育最勇敢的利他主义的路线："不知道"就是要抛弃我们对自我和宇宙的固定想法；"见证"是要对这个世界的苦难和快乐做到在场；"慈悲行动"是一种产生于"不知道"和"见证"的行动，作为一种修行之路，它能促进世界和我们自己的疗愈。

ZPO 接着创建了一些持续至今的很有勇气的项目。在 ZPO 的"上街修行"（Street Retreats）项目中，参与者会以无家可归者的身份一起在大街上生活上好几天，亲眼见证无家可归者的遭遇。在他们的"奥斯威辛见证修习"（Auschwitz Bearing Witness Retreat）项目中，有数百人在寒冷的 11 月聚集在奥斯威辛，修习"不知道""见证"和"慈悲行动"原则，以此作为一种面对历史和当前世界苦难的方式。

20 世纪 90 年代中期，我作为联合创始人加入了 ZPO。我同格拉斯曼禅师及其夫人，以及其他几位禅宗修行者，努力把实践这三个信条当成我们生活的核心部分，同时也为我们的学生提供这种可能性。几年后，我将这些信条纳入了善巧禅修中心的佛教传者培训计划，这是我们从观念、冥想和行动方面培养传教师的基础。

以这些信条为参照系，我们要问：当我们正经历着几乎排山倒海般的痛苦时，如何才能做到安之若素地践行"不知道"原则？何时践行"见证"原则，才能让我们接近于成为一个旁观者？当需要"慈悲行动"时，我们如何把"帮助"（helping）和"解决问题"（fixing）管控好？如何使利他主义处于平衡而健康的状态，以免从边缘坠落？如果我们发现自己正摇摇欲坠地滑向病态的利他主义，那么我们如何才能回到健康的利他主义的坚实基础上，而不致因滑落而陷入狼狈境地呢？

我曾在一些安全级别最高的监狱里做过志愿者，我的利他主义意识在那些年里不断受到考验。当我第一次走进新墨西哥州的监狱，去教囚犯们做冥想时，我真正理解了"不知道"这第一个信条究竟是什么意思。我真的很害怕待在这戒备森严的监狱里。与一群曾经的黑帮成员合作让我忧心忡忡，他们都犯下过多起谋杀案。更有挑战性的是，在志愿者培训中，我们被告知，如果我们被囚犯挟持为人质，那么监狱官员并没有义务营救我们。

尽管如此，我多年来还是愿意在这个阴森的地方提供服务。有那么几十年时间，我总是与一些濒死者打交道，我意识到我需要向一个似乎与我所熟悉的世界截然不同的世界学习。我也敏锐地意识到，我们的经济体制、种族主义和文化排外性，助长了对监狱系统的系统性压迫。我想更深入地介入那些与我们国家中的正义和不正义之事有关的社会心理痛苦之中，并为那些惨重的社会弊病的受害者们服务。

我与我这组"学生"的第一次会面，变成了一堂关于"不知道"的课。一名狱警把这些人带进会议室，然后把我和我的女同事丢在这里，置身于十几个五大三粗、身上有文身的犯人之间。他们中的大多数人戴着墨镜，剃着光头，额头上紧扎着发网。他们都岔开大腿、松松垮垮地摊在塑料椅子上，真是一副"大爷做派"。

作为一名禅师，我也剃了光头，但没有戴发套——而且我很规矩地盘腿坐着！

置身于他们之中让我感到很不舒服。这群人一声不吭，但个个目露凶光。在恐惧心理作用之下，我与他们的互动受到了如此大的影响，让我很吃惊。

我必须赶快放弃我对"牢里"这个概念的先入之见，否则我根本轻松不起来。我问他们是否愿意正式开始交流（例如，分享一下他们现在过得怎么样），其中一位粗声大气地哼了一声，表示同意。我必须把注意力转移到自己的呼吸上，让自己定下神来，然后我们开始交流。

第一个男人只是瞪着我看，这让我很不安。第二个男人戴着墨镜，我看不见他的眼睛。我礼貌地问他是否介意摘掉他的墨镜，但他迅速地把墨镜上下动了动，我只瞥见他布满血丝的眼珠。我忍不住笑了，屋里其他几个人也跟着笑起来。

到了下一个人，他摘下了墨镜，并开口说话，室内的气氛开始活跃起来。他们一个接一个，渐渐打开了话匣子，最后一个人把手伸进衬衫口袋，掏出一个小包递给我——那是一个发套。我打开小包，拿出发套，慢慢地把它戴在头上。教室里响起一片欢声笑语。从那时起，在这个跻身美国最森严监狱之列的地方，持续六年之久的对“不知道”的修行开始了。

我当时就发现，现在更明白，身为一个所谓的“专家”，我太容易把自己和这些人区隔开了。我们常常会因为恐惧而筑起一堵专业知识的隔墙。从这次经历中，我明白了认清自己的偏见和那些捕风之影之见的重要性，认识到它们是如何以一种憨直的方式阻碍了我们与他人交流中这一破冰时刻的到来。最后，我明白了修行“不知道”正是利他主义的基础，因为与我们的先入之见相比，它能为我们打开一个更广阔的视野，可以让我们与他人建立并保持亲切的关系。

第二个原则“见证”是指要做到完全在场，并且将我们的整个身心和正在发生的全部灾难、不好不坏的状态或欢乐全都联系起来。更深入地说，这种修行就是一种与他人、与我们周围的世界、与我们自己保持一种未经过滤的关系，并能敞开心扉与他人并肩而行。

当我在尼泊尔为游牧部落诊所服务时，亲眼看见了许多陷入物质贫困、受伤或生病的人。我还不得不亲眼看见，那些因政府腐败、环境恶化和当地少数民族被边缘化而产生的后果。我同情这些居住在穷乡僻壤的人民，一次又一次地了解他们的真实情况，以便了解如何为他们的社区服务。如果没有“见证”修行，我就无法做到这一点。

第三个原则是“慈悲行动”，或者是云门文偃禅师所说的“一个适当的反应”。这意味着采取行动（或有意识地克制不采取行动）的明确意图是造福他人。哲学家吉杜·克里希那穆提（Jiddu Krishnamurti）曾经写道：“行动只有在关系中才有意义，如果不能理解关系，那么任何层面的行动都只会带来冲突。对关系的理解比探求任何行动计划都重要得多。”在前往尼泊尔并为善巧医疗诊所提供支持的几十年中，我从事这项工作就是以“不知道”和“见证”这两项原则为基础的，也是以我和我的团队要与喜马拉雅地区的人们建立起关系为基础的。

实践这些原则与让我们大多数人感到舒适的行事方式背道而驰。护理人员可能想要把事情做好一些，教育工作者、律师、活动人士和家长也是如此，我自己也不例外。我们倾向于依赖自己的专业知识、知识储备，以及曾经帮助别人的经验。然而，如果我们要完全适应当前时刻，这三个原则就是价值无法估量的指南。我以这三个原则来处理边缘状态能量，它们也是善巧（即熟练的手段或实践工具）中最强有力的部分。在这本书中，当我探索每一种边缘状态和其他支持它们的修行时，我都将转回这三个原则并以之作为有技巧的方法，作为我们的修行，以克服我们自己和他人的痛苦，并将其作为一条培养智慧和慈悲并找到自由的道路。

修习“不知道”

我们如何真正地去修习这三个原则呢？接下来，我将从“不知道”开始，为每个原则提供一些修习要点。

当我意识到有必要为那些受苦的人服务时，我通常会深吸一口气，让身体安定下来，呼气。然后，我可能会问自己：当我面对这个人的痛苦时，我如何才能保持开放的心态而不急于下结论或贸然采取行动？我真的想在这种情况下为之服务吗，为什么？我是否陷入了病态的利他主义的陷阱？这一刻，我真有什么能为之服务而非伤害他的东西吗？如果我体验到恐惧、武断或对痛苦的厌恶，那么最理想的情况是，我注意到了这一点，并且通过将注意力转回到呼吸上，让自己变得开放，让自己安定下来，然后专注于那些正在发生的事情。

最近，当我正和一位行将离世的朋友待在一起时，他的妻子突然爬上床，很用力地拍了拍他枕着的枕头，使之蓬松一些。然后，她一遍又一遍地拍着他的胳膊，告诉他一切都好。其实在我看来，那一刻没有人“一切都好”。我不得不让自己沉入“不知道”的状态中，为他们两人保持住这样一个爱的空间。她被吓坏了，而他正处于精神和肉体的痛苦之中。过了一会儿，他俩都安静下来了，但我很难抗拒把她从他身边拉开的冲动。暂停和自我约束帮助我克制住了自己，没有去拯救和劝告他们，而只是保持一个在场的状态。

修习“见证”

在修习“见证”时，“不知道”能够提供支持。当我与他人的苦难同行时，当我意识到自己面对他人苦难的反应时，体现出镇定和慈悲是必要的。始终让自己保持镇定是有帮助的。注意到我们的头脑如何为支持或者反对某事找理由也很重要。“见证”并不是要求我们做一个旁观者，而是要把自己放在关系中，要有勇气面对整个灾难。要做到这一点并不容易，但修习能提高我们的能力。

现在，我来说说丽塔的故事。

有一个雨天，在旧金山市中心附近，当我离开酒店排队等出租车时，一名无家可归、身材矮小的非裔美国妇女向我走来，问我是否在排队打车。她穿着一件很长的运动衫，垂到了裸露的双腿上。我说“是的”，她继续说：“你知道，我没什么恶意。”然后，她指了指我穿的曼衣（一种佛教禅师穿的衣服，表明已经接受了菩萨的戒律），问道：“你是个尼姑吗？”我停顿了一下，然后看着她的眼睛，点了点头。在那一刻，我觉得我有条件帮助她，不必扭头旁顾，不必匆匆走掉，也不必对她视若无物。我不由自主地想和她建立联结，只想和她在一起。我没想过这个；但事情就这样发生了，雨点落在我们俩身上。

然后，她开口向我要钱。我身上没带钱，于是温和地告诉她我没带现金。我没有把目光移开，也没想摆脱她；我只是试着平和地和她待一会儿。随后，她突然就痛苦地崩溃了，开始哭喊起来。她向我扑来，旅馆的门卫冲过来对她说：“丽塔，好了好了。你现在可以走了。”然而，丽塔哪儿也没有去，我也没有。她这是将了我的军，我也将了自己一军，因为我意识到，那一刻的亲密不仅打破了我们之间的墙，也打破了她赖以防止自伤的墙。

我站在那里，真是处于“不知道”的状态，我也必须见证，不只是见证她的痛苦，也是见证我的窘迫。她的痛苦是显而易见的，而我为她解难的能力为零。无论能不能算上技巧熟练，我都必须先镇定下来，深吸一口气，然后再见证她被这股混乱的能量冲击。

那天，我从与丽塔的邂逅中学到了一个教训：如果没有足够的时间去处理，亲密感可能就会导致痛苦。在我所能达到的范围内，我要把修习这三个原则作为处理这种邂逅的一种方式。后来，我想起了我的老师格拉斯曼禅师的话：“当我们……见证街头的生活，我们奉献的是我们自己——不是毯子，不是食物，也不是衣服，只有我们自己。”这意味着我们整个人，包括我们的困惑，以及我们的爱和反思。当我邂逅丽塔时，我对其结果既无从控制也无法预测。我只知道，我需要面对她的痛苦，不能背过身去。

我曾扪心自问，如果真要为丽塔做点什么，我应该采取什么样的慈悲行动？对此，我没有现成的答案。也许有让我们都获益的方法。我觉得我们可以采取的一部分做法应该是重新审视我们那看起来不够完美的互动，并思考自己如何才能做得更有技巧。我们如何才能把我们的直觉、洞察力和经验结合起来以减少伤害，甚至是在最理想的情况下，可以有益于对方？也许，需要一个明显的积极结果本身也只是一个次要问题。见证就是要面对整个局面，按其本来面目去思考应对。

修习“慈悲行动”

对修习这三个原则来说，让自己镇定下来，回到我们的身体，是很重要的。当面对丽塔的痛苦时，我就是这么做的。当需要采取慈悲行动时，平心静气有助于我们辨别哪种行动最适合当前的情况，以及在什么时候清静无为可能才是最慈悲的反应。我记得有很多次，当我马上要跳上前去施以援手或帮助解决问题时，就因为多花了几秒钟时间来吸气、呼气而变得平心静气，这让我做出了一个更符合当时需要的选择。停下脚步，心平气和，我们要给自己一些时间去释放自己。

身体经常向我们发出信号，提醒我们：某些我们想做的事情与我们做这些事情的动机是不吻合的；或是我们正在做的事情可能会违反我们的道德感或伦理感；或是什么都不做反而会更好；或是我们之所以服务他人，其实是因为我们想要被他人需要。

通过对身体的感知，我们还可以了解当我们即将越过边缘时身体会有什么样的感觉：肠道或胸部即将麻痹的紧绷感；心脏、喉咙、眼睛或头部周围的紧张；神经过敏、刺痛或疼痛；手发冷、出汗，脚在动，好像马上就要逃跑似的；或者当我们看着自己在做一些自己并不真正想做的事情时，感觉灵魂与身体分离了。我们也许能在头脑中为自己的行为找出合理的解释，但是沮丧的感觉或身体的紧张会暴露真相。如果我们把注意力转移到呼吸和身体上，就能获知身体的真正感受，从而避免越过边缘，陷入病态的利他主义的泥潭。

修习这三条原则也可以通过帮助我们看清自己的精神自恋、自我欺骗和对被他人承认的需要，来看清利他主义的阴影。如果我们放慢节奏，反思我们的动机，可能就会注意到自己的行为是出于一种对被承认和被欣赏的渴望。当我们认识到这种突出自我的倾向，或未被满足的情感需求时，就能够以一种平和的态度提醒自己，并引以为戒。我们为他人服务的动机必须至少是不自私的，在行动之前反思这三条原则可以帮助我们辨别什么时候是在服务，什么时候是在帮助和解决问题。

在利他主义边缘的发现

佛教哲学的核心是不执，我们应当记住，这是与利他主义相关的重要原则。当我们看到他人（无论是家庭成员、同事、客户、动物、一群人，还是我们的地球）受苦时，我们都希望能更诚实而直接地面对苦难，这样我们才能为之纾解。一旦我们认识到众生皆苦，都在沉沦中挣扎，我们就要把“不知道”原则付诸实践。我们不可能找到某个精神高地，自己始终能稳居其上，能抓住所有在我们周围坠落的人。这更像是我们所有人都在向生命无垠的空虚之境坠落，我们已经学会了在坠落中保持稳定的姿态，也要帮助他人摆脱那种因脚下无根而产生的恐惧。最终能让我们感到安心的根本不是能安然落到地面，而是因为知道永远不会着地而产生的彻底解脱。毕竟，我们在这里，一起航行在无边无际的生命空间中，互相之间没有依附，却又亲密无间。

不执，并不意味着我们不在乎。事实上，它可以是一种表达我们在乎的方式。“放手的爱”是“十二步骤”项目的口号之一，其中包含了许多智慧。带着爱放手，可以把我们从期望的束缚中解放出来。我们为他人服务的尝试可能会失败，也可能会令人失望、内疚或羞愧。那个你曾希望其能从容告别的濒死者，离世过程却混乱而困难。经你帮助获得提前释放的那个囚犯又偷了一块昂贵的手表，结果“二进宫”了。你努力付出了五年，为苏丹的孩子们筹集教育资金，但由于校长从来不给老师发工资，这个项目失败了。这样的例子不胜枚举。当我们对结果的执念试图抓住我们并把我们拖离善良的边缘时，修习这三条原则能给我们的身心提供压舱石。

利他主义的另一个方面，是要探索我们的文化、种族、性别、性取向、教育、阶层和个人经历，是如何产生能影响我们行为的偏见和价值观的，以及我们相对于他人的特权和权力会如何影响我们为他人服务的期望。“不知道”并不意味着我们要摒弃偏见，它其实是为我们提供了一个开放的场域——在那里，我们所受的社会制约可以变得更加明显可见。我们由此能够看清这样一个事实：无意识地物化他人，会使他们成为我们的怜悯心或权力的对象，这助长了不健康的利他主义形式。

另一个重要的人际交往技巧是设置界限。这不是自私的行为，也不意味着把别人推开或将其“异类化”（物化那些你认为与你不属于一个范畴，而且通常是属于较低范畴的人）。好的界线会保护我们免受共情之苦。我们要牢记这样一点：

从某个角度来说，我们毕竟不是那个正在受苦的人。如果我们开始过分地与一个正在遭受痛苦的人休戚与共，那么修习这三条原则正是一种有效的方法，它有助于我们认识到这种苗头，并及时把共情转变为慈悲。为此，我们要保持开放的心态（不知道）、与他人的苦难同行（见证），以及以关爱回应（慈悲行动）。

成为社区的一分子是另一种能帮助我们做到平心静气、脚踏实地的技巧。奥克利博士说，我们需要外部的观察者——无论是家庭、同事团队、精神团体，还是我们所服务的团体，他们能在我们看似无私的行为造成伤害之前（或之后）为我们做见证，帮助我们纠正自己的前进方向。与一位技巧娴熟的导师建立关系能让我们获益良多，他可以提醒我们这三条原则的力量，让我们和其他人免去许多麻烦。

如果我们能落实这些做法和观点，那么在某一时刻，我们对他人苦难的反应可能会变得无我而简单。然而，在这个时刻到来之前，双方始终要面对并实践这三条原则，要从共同的经验中学习，这样我们才能走出纠结。对自己保持诚实和警惕，从而让我们保持在利他主义健康的一面。

同样重要的是，不要陷入先入之见，而是要对我们自己保持友好和好奇。在《菜根谭》中，中国明代哲学家洪应明有云："地之秽者多生物，水之清者常无鱼，故君子当存含垢纳污之量，不可持好洁独行之操。"这些话很有道理，因为即使不能说根本没有，也完全可以说，我们中间很少有人是完美的利他主义者。利他主义可能会把我们带到边缘之境。危立于边缘——甚至可能会从这上面坠落，最终可以滋养我们的谦卑精神和根本人性。这句话抓住了利他主义的精髓："愿我能在不知不觉中做很多好事。"的确，我们愿以一颗纯粹、开放、谦卑的心，在浑然不觉的情况下，来修习"不知道""见证"和"慈悲行动"。

在帮助别人以及解决问题时，我有过坠入难堪之境的经历，并从中得到了一两个收获。同样，我也曾以利他主义之名，给他人造成过麻烦，这也让我得到教训。也许，我现在在服务他人方面所增长的那点智慧，就是来自从过度劳累、过度共情、道德冲突和道德痛苦的失败中幸存下来的经历，也来自那些强出头的经历。

当然，我们永远也不会想从悬崖边上坠落，但如果真有这么一天，我们的挣扎就不仅会给我们带来苦难，还会带来礼物。那些坠落悬崖的人的故事，以及从这段旅程中学习到的东西，会像那些屹立在坚实地面上的人的故事一样启迪人心。在本章的前面，我曾写过一对夫妇，他们让酗酒的儿子住在地下室里。这对夫妻肯定都坠落悬崖，陷入互相依赖的泥潭之中。他们和儿子发生争执，彼此也意见不合，但是他们还是能够从泥潭中走出来的。

在一次冥想静修中，这位母亲顿悟到，她和丈夫多年来一直在纵容儿子的行为。她说服丈夫同意了一个改变现状的计划——他们不再给儿子钱，让他搬出去，并换了家里的门锁。在某种程度上，这是一种爱的行为。他们的儿子只好从一个朋友家中蹭到另一个朋友家，直到有一天，连这样的机会都没有了。有几个月，他无家可归，只能在监狱进出，生活每况愈下，事情看上去很糟糕。当他母亲听到他的消息时，真的为他感到很担心，但她没有让步——她知道，如果继续纵容儿子，将会再次伤害她自己、她的丈夫，还有她的儿子。最后，这个年轻人坠入谷底，只能绝望地寻求帮助。

如今，她儿子已经戒酒八个月了，而且还在继续。他有了自己的公寓，目前在一家康复中心工作。这位母亲告诉我，她不仅非常庆幸他能戒酒，也非常庆幸他能走出依赖获得健康，她从这个经历中学到了很多。她说："我本以为，作为他的母亲，我的职责就是尽我所能让他戒酒，以及确保他有食物和住所。然而，当我意识到我应当做的实际上应该是为爱放手时，一切都改变了。我永远都不会忘记这段经历。我以前对上瘾一无所知，现在我知道了这么多，而且我现在也对瘾君子和他们的亲人有了更多的同情。"这种共情和智慧是她在边缘之境学到的。

木偶与受伤的医治者

利他主义可以为我们的生活赋予目的和深度。我们为他人服务的强烈愿望，能帮助我们在困难时刻保持坚定和承诺。菩萨拯救众生脱离苦海的誓言，可以引导我们远离以自我为中心的执念。我们从小我迈出一步，走到了实现与他人建立起无限联结的关头。

最终，我们可能会认识到，没有自我，也没有他人——没有人服务，也没有人被服务。我们可以像木偶一样对世界做出反应——它的四肢被线绳牵着，连着世界的苦难。当春天到来，冰雪消融，我们的利他主义倾向就可以自然地转化。善良的水分可能已经发挥了作用，无条件利他主义的种子可能已经开始发芽。一旦我们的愿望是致力于众生（包括我们自己）的福祉，我们忙碌的心理投射就会平静下来，让我们活在当下，不去想自己或他人，也不去期望或执着于结果。

在希腊神话中，有一个关于半人马喀戎（centaur Chiron）的故事，他被赫拉克勒斯的毒箭射伤了。受伤的喀戎四处求医问药，这一疗伤之旅也成了他发生转变的契机，激发他去为那些不幸的人服务。荣格在他关于受伤的医治者原型的著作中引用了这个神话，将利他主义的经验拟人化，这种经验植根于已经转化为无限慈悲的痛苦经历中。

一名受伤的医治者要努力做到心中无一物。正如当我们危立于边缘之上，需要做到既全神贯注又完全放松。因为当我们在一个垂死的孩子床边或一个惊恐的难民的帐篷里待上几个小时却做什么都于事无补时，就要既全神贯注又放松才行。要想服务他人，就要做到两者兼顾，而且还得不求回报。要让我们的心思返回到修习上，也需要做到这两者；要坚持展现这种既全神贯注又放松的风格，即使结果看起来很糟糕。既全神贯注又放松意味着要放下恐惧，或者用内山兴正（Uchiyama Roshi）禅师的话说，要“打开思想之手”。一旦将这两种品质结合在一起，就能给我们带来勇气和毅力，让我们能够直面赤裸裸的现实。这能帮助我们在痛苦的绳套之中，展现自己的全心全意及神完气足。

爱

最近，在我做了一次关于利他主义和慈悲的演讲后，一位名叫萨拉的老妇人问我是否可以和她谈谈。萨拉告诉我，她结婚 37 年的丈夫得了阿尔茨海默病。每天晚上，当她扶着丈夫躺在床上时，他都会抬头望着她，却认不出她来。不过，他会缓慢地、真诚地对她说："你真是一个非常好的女人。"

当萨拉告诉我这些的时候，她的眼里似乎完全没有自怜、悲伤和贪念。我们都停了下来，然后她又平静地补充道："在我们这么多年的婚姻生活中，我都一直在等着听他说这句话。"

我很肯定萨拉照顾她的丈夫并不是为了让他能说一句这样的话。他的话似乎准确地说出了她非凡的善良。她后来告诉我，照顾她的丈夫是她一生中最快乐的时光。

我们内心深处的价值观可以指引我们为他人服务，这不是出于对自我或回报的欲望，而是出于爱。我想起了阿加莎·克里斯蒂（Agatha Christie）在《斯泰尔斯庄园奇案》（*The Secret Affair at Styles*）中的一段话："你知道，以她这种行事方式看，爱米丽是一个自私的老妇人。她很慷慨，但她总是想要回报。她从不想让人们忘记她为他们所做过的一切，但要是总这么想，她就会错失爱。"

萨拉没有错过爱。新罕布什尔大学（University of New Hampshire）的运动员卡梅隆·莱尔（Cameron Lyle）也没有。在被美国骨髓移植项目"配型"抽检两年后，他接到一个电话，说为了挽救一条生命，需要他立即捐献骨髓。此时，离莱尔参加冠军联赛还有一个月的时间，但他不得不去做手术取骨髓。这是他在大学的最后一年，也是他最后一次参加比赛的机会。对莱尔来说，这不是个问题。"难道就没有人愿意放弃追逐金牌而去做这样的事情吗？"他问自己。他的主要担心是，他的教练会为此失望。不过，结果是，他的教练和队友给了他无条件的支持。后来，他为自己的无私行为所受到的关注感到困惑。我相信卡梅隆·莱尔没有错过爱，尽管他错过了比赛。

韦斯利·奥特里、尼古拉斯·温顿、萨拉和卡梅隆·莱尔，他们都没有错失爱。伟大的利他主义者罗莎·帕克斯（Rosa Parks）、马拉拉·优素福扎伊（Malala Yousafzai）和吉戈贝塔·门楚·图姆（Rigaberta Menchú Tum）也没有——她们勇敢而无私地为世界服务，她们在面对苦难的决心中蔑视死亡。

也许你和我所经历的故事并没有那么戏剧化，也没有那么危在旦夕。这并不是一件坏事。不过，我们都不想错过爱，也不想在可以造福他人的宝贵机会之前退缩。

去年，诗人简·希什菲尔德（Jane Hirshfield）和我分享说，当她第一次读到10世纪日本诗人和泉式部（Izumi Shikibu）的一篇短诗时，她的生活之窗一下子打开了。这篇美丽的短诗是关于风险、痛苦、弥漫性、温柔和勇气的，是能支撑利他主义的无形的肢体：

虽然此时风大得吓人
但从这间破败房子木板屋顶的缝隙中
依然有月光流进来

简在2016年的一次演讲中提到了这首诗，她说："把房子密封得太好，你的住处就会很干爽，但也没法看到月光了。"我相信，我们必须让生机进入我们的生活，让别人进入我们的生活，让世界进入我们的生活，让爱进入我们的生活，同时也让夜色进入我们的生活，而不是让头上的屋顶，即我们的认知和恐惧，去阻挡住月光。利他主义正是这种渗透性，是没有被围墙围住的野趣，是这个能让月光照进我们破败房屋和这个充满痛苦的世界的有裂隙的屋顶。

我相信，重要的是我们要能够认识到，什么时候我们有滑过边缘陷入自私的危险，并从生命彻底的脆弱性和神秘性中去学习。如果我们的利他主义是建立在道德基础上的、是明智的、无私的，那么这是因为我们能够立于边缘，站在一个"不知道"的地方，并伴随着慈悲、智慧和爱。有了这些利他主义的伴随物，我们就能攒足力量，能够自发地对人类内心深处善良的牵引力产生反应，就像月光从一所破败房屋的屋顶板上洒下来一样。

第2章

STANDING AT THE EDGE

共情

是被视作礼物还是侵犯，人们对共情的看法总是不够牢靠，往往在二者之间游移。

莱斯利・贾米森（Leslie Jamison）

几年前，我曾在善巧团队设在尼泊尔希米科特（Simikot）的一家小诊所工作。一天清晨，一个衣着破烂、疲惫不堪的男人，手里抱着一个脏兮兮、臭气熏天的包裹，走进这家位于喜马拉雅山区的乡村医院。我们医疗队的主治医生走近他，他一言不发地解开发臭的破布，一个小女孩露了出来，她的头、手臂、后背和胸部都被严重烧伤。她的名字叫多玛。

当我们为多玛做检查时，发现她的一些烧伤处爬满了蠕动着的白色蛆虫，还有一些患处皮肤破损，颜色发红，已经严重感染了。她父亲沉默着，眼中流露出难以忍受的悲伤和彻底认命的神情。我们这支由尼泊尔人和西方人组成的跨文化医疗团队立即动员起来，把孩子带进一个小木屋，由当地护士为她清理患处。

我溜进团队后面的房间，去协助他们完成这项艰巨的工作。我们这里没有儿科麻醉师，多玛的尖叫声响彻诊室。清创工作似乎进行了很长一段时间，来自尼泊尔和西方国家的医护人员紧密地围成一圈，进行紧急救治，我就站在圈子的边上。

从一开始，我就在观察临床医生们和这个孩子的同时，体会着自己的精神和身体状态。20 世纪 70 年代，我曾在迈阿密大学伦纳德・M. 米勒医学院的烧伤病房做过会诊医生，我知道清创手术有多么痛苦。这个手术需要从伤口处移除已经感染或死亡的身体组织，我们的临床医生在这个小女孩身上熟练地进行了大量的治疗操作。

我的心都在多玛身上，整个手术过程中她一直在哭喊，她的眼泪映在她父亲痛苦的眼睛里。我站在那里，心跳加快，皮肤变得又冷又湿，呼吸又急又浅。我觉得我快要晕倒了，我想要离开这个房间，但我也觉得自己有责任与正在做这场艰难手术的同侪们并肩作战。又过了几秒钟，我自己的内心缩成了一个小小的、紧攥着痛苦的拳头——我真的就要立刻晕倒了。我对多玛感同身受，我也体会到了她排山倒海般的痛苦。

在某种程度上，这种痛苦体验也为我敲响了警钟。我知道自己正处于危险的边缘，这对我来说并不陌生。我意识到，熬过这个当口并不是要逃避自己正在见证的一切；这既不是封闭自己的问题，也不是走出房间的问题，更不是彻底昏死过去的问题。我意识到，我对这个孩子的感受的认同已经失控了，如果我还想待在这个房间里，就需要从这种彻底的人溺己溺的感受转向对对方的关怀，也就是说，要从共情转向慈悲为怀。我正在经历着共情的痛苦，这是一种因为感受到他人的痛苦而代人痛苦的感受形式。当我意识到这一点时，我开始采用早期版本的 GRACE 方法来调控自己，这是一种我自己创造出来的方法，就是为了摆脱这种共情的痛苦，将其转成慈悲的心理状态。我将在第 6 章详述这个过程，现在简单介绍，GRACE 方法的目的是：

- 集中注意力；
- 回忆意图；
- 调频到自己，然后是他人；
- 考虑什么是有用的；
- 投入和结束。

当我站在希米科特的这家小诊所狭小的房间里时，我用这个方法来调节我对共情的痛苦反应，并让自己向慈悲敞开。在这个令人忧虑的脆弱时刻，我控制住自己，谨慎地吸了一口气，把注意力转移到脚上，转移到我的脚在地板上所受到的压力这一简单的感觉上。我给自己几秒钟的时间让自己稳住。然后我简短地提醒自己，我到这里是来服务的，就像其他所有正在救治孩子的人们一样。我把意识保持在我的身体上，牢牢地站在地上。当我的心率开始变慢，头脑开始清醒，我再次把注意力集中到多玛身上，我能感觉到这个小家伙有多坚强。所有这一切都发生在一分钟左右的时间里。

我也意识到，尽管这个手术对小多玛来说非常困难（对临床医生也是如此），但医生、护士和助手都在抢救她的生命。当这个想法在我脑中闪现时，我内心充满了温暖和深深的感激之情，感谢她的父亲把她带到诊所来，也感谢我们的团队，包括这些富有同情心的尼泊尔护士，能够拯救她免于死亡的命运。我把整个房间揽入心中，并向所有在场的人，尤其是多玛，送出了我的爱和力量。

几个小时后，当多玛的父亲抱着她离开诊所时，我又看到了他们。多玛的面容明亮而轻松，眼睛也亮晶晶的，她父亲的眼中也是一样的神采，岁月的风霜仿佛从他脸上滑落下来不少。她父亲手里拿着一些药物，这可以帮助多玛尽快康复。我为他不辞路途辛苦把女儿带到我们这儿来而满怀钦佩。我轻轻地拥抱了他们俩，并向他们鞠了一躬。

中午，我又回到了诊所，陪伴一位奄奄一息的老奶奶，我把右手放在她的额头上。然后，我又去陪一位患有慢性阻塞性肺部疾病的女士，她也命不久矣。这就是我在诊所工作的一天。在这一天时间里，生命往往在瞬息之间就会阴阳相隔。

夜幕终于降临，诊所关门了，我回到客房院子中的帐篷里。我觉得自己就像一叶小舟，陪着一些生命浮沉，这些生命不知缘何而至，让我们得以学习。在喜马拉雅山区的黑暗和寂静中，我睡着了。

共情，这种让我们将他人的体验融入自身的能力，是人类的一种基本能力，它对友谊、家庭结构、社会和我们这个世界的正常运转至关重要。共情能把人心最好的一面展现出来。如果我们能保持共情体验，保持开放和正直，就能在共情的世界里站稳脚跟。

然而，边缘上的平衡是微妙的，共情很容易转变为痛苦。如果我们与他人的身体、情感或精神状态过于紧密地融合起来，就很容易越界坠入共情痛苦的深渊。但如果我们把共情视为一种边缘状态，那么当我们感受到共情的痛苦时，就更有可能觉察到，并在太深或太久地陷在沼泽前及时纠正我们的方向。

站在共情的边缘

“共情”（empathy）这个词来源于古希腊语 empatheia，由 in 和 pathos 组成。20 世纪，德国哲学家借用 empatheia 创造了德语单词 einfuhlung，意为“感觉进到”，后来又被翻译成英语单词 empathy。人与人之间的共情描述了这样一种能力，即几乎我们所有人都必须将另外的人纳入我们的意识，使我们能够感受到，他们此刻身体、情感和认知上的体验。

从字面上看，共情是正在进入另一个人的感觉，而同情乃至慈悲则是感觉到另一个人的感觉，伴随着采取益于他人的行动的渴望。共情通常是慈悲的前兆，也是慈悲的一部分，但它不是慈悲。虽然说如果是处于适度水平，共情是一件好事，但是它在慈悲中不能占据太大的成分。

有些照护者经常抱怨“慈悲疲劳”，但根据我的经验，其实并没有这样的事情。这个词把慈悲混同于共情了。事实上，一些神经科学家和社会心理学家认为，“慈悲疲劳”是共情被过度唤醒，以及由此带来的痛苦。慈悲不会使我们疲劳——它是力量的源泉，让我们生机勃勃，还能惠及他人。然而，共情是我们基本人性的一个本质特征。如果没有共情，我们的生活就会变得渺小，变得排外，甚至发展到自恋和唯我主义的程度。当我们放下自我时，共情扩展了我们的世界，并让我们通过想象力来丰富自我。

从本质上讲，共情是我们融入、包容、理解或认同他人体验的能力。沃尔特·惠特曼（Walt Whitman）把共情描述得很美，他写道：“我不会问那受伤的人感觉如何，我自己就是那个受伤的人。”

作为一个有共情能力的人，我们不仅可以在内心分享他人的情感体验，还可以与他人的身体和认知体验产生共鸣。在我看来，可将共情分为三种形式：它可以是身体的、情感的或认知的。社会心理学家关注的是情感和认知上的共情。然而，从我作为一名冥想修行者和照护者的经验来看，我发现我们也可以体验到身体上的共情，而且关于这方面的研究也正在不断增多。

身体共情

身体共情描述的是与另一个人产生强烈的身体共鸣的体验，如母亲感觉到婴儿的饥饿，护士感觉到病人的疼痛，或者围观斗殴的旁观者因为看到别人肚子被打了一拳自己也疼得弯下腰来。我相信身体共情在亲密的朋友之间也很普遍。我记得有一次和助手诺亚在山里散步。刚巧一根树枝刷过我的脸，我们同时“哎哟”了一声，就好像我们都被树枝刷到了似的。尽管科学还没有对这一现象进行过深入的研究，但已有证据表明，在亲密的人们之间，共情体验会迅速地自动生成。

多年前，我从布迪那里第一次听说了身体共情。布迪是一位放牦牛的牧人，多年来一直和我一起在喜马拉雅山区行走。布迪和我没有共同的口头语言。他来自尼泊尔胡姆拉地区的一个小村庄，没有接受过正规教育，只掌握一些来自山区家乡的知识。多年来，他一直在村子上方高高的山脊上放牦牛。

当我行走在尼泊尔高海拔的狭窄小道上时，我的同事丹增诺布（Tenzin Norbu）邀请布迪做我的“看护人”。他负责保护我的安全，防止我跌倒。在他和我一起走过了几百英里[①]的羊肠小道，越过了座座令人生畏的山口后，不知怎的，我俩的身体变得非常协调了，他甚至能在我摔倒之前就提前把我扶稳。不可思议的是，这个在我身边走起来翩若惊鸿的沉默的牧牛人，竟能如此严丝合缝地将我纳入他的躯体意识之中。

我相信身体共情的从有到无，处于一个很宽泛的范围之内。有些人面对他人的身体体验，自己很少甚至完全没有这种感同身受的反应。然而，有一少部分人对他人的身体感觉非常敏感，就好像是发生在自己身上一样。

① 1 英里 =1.6 千米。——译者注

乔尔·萨利纳斯（Joel Salinas）博士是麻省总医院（Massachusetts General Hospital）的神经学家，他患有镜触联觉症（mirror-touch synesthesia），这能够让他感知他人的身体体验。根据研究人员迈克尔·巴西尼（Michael Banissy）和杰米·沃德（Jamie Ward）的研究，镜触联觉症患者大脑中与社会认知和共情相关的区域有更多的灰质，而与区分自我和他人的能力相关的区域灰质较少。从镜触联觉症患者主观体验的角度来看，这当然是有道理的，他们说自己很容易被对他人身体感觉的代入性体验所压倒。

为了不被病人的身体体验所压倒，萨利纳斯博士学会了通过把注意力集中到对自己呼吸的感觉上来稳定自己。他还会提醒自己，身为一名临床医生，为他人服务才是自己的目的。为了控制他的共情唤醒程度，他会注意到自己的代入性镜像化躯体体验，与自身对物理刺激的典型反应方式之间的细微差别。通过运用元意识（meta-awareness），他明白自己正在经历着的代入性的身体感觉将会过去。有时候，他会将注意力重新分配到一个中立的人或物体上。他还会考虑如何利用对镜像化身体共鸣的经验来造福他的病人。萨利纳斯医生对病人的身体体验极度敏感，此时他的应对做法，与我站在正在接受患处清创的尼泊尔女孩多玛旁边时，为应对即将来临的情绪失控所采取的行动，并没有什么不同。

身体调频可以成为我们理解和关心他人的媒介。然而，如果我们对某个正在遭受身体痛苦的人认同感太强烈，我们可能就会害怕对方的痛苦对我们自己造成冲击，害怕被大量感官信息的洪流淹没，我们的应对之法就是完全分散或关闭自己，把自己包裹得密不透风，在某种程度上成为自闭者，以保护自己免受痛苦的折磨。

这似乎是一个在过度敏感和麻木不仁这两个极端之间找到中间道路的问题。当我们关注、吸收、释放来自他人的身体体验时，认识到“强健于背而怀柔于胸”这种修行的深厚益处是非常重要的。“强健于背而怀柔于胸”是在用身体做隐喻，意思是要将镇定和慈悲这两种心理品质很好地结合在一起。

情感共情

最为人熟知的共情形式是情感共情。分享他人的情感经历需要在不将他人物化的情况下，融进他人的体验。它允许我们自己被他人的情感所占据——尽管我们自己的福祉有时会因此而遭到很大损失。

每年，我都有机会遇到许多尼泊尔村民，他们是来我们在喜马拉雅山区的游牧诊所看病的。2015 年秋天的一天，在尼泊尔多波（Dolpo）的雅乐高（Yalakot）村附近，我正和一位名叫佩玛的年轻女子坐在一起。她丈夫背着她，沿着陡峭、蜿蜒的小土路来到我们的诊所。几周前，她从自家屋顶上摔了下来，受了重伤。由于从颈部以下无法活动，因此佩玛一句话也说不出来。再加上她完全无力调整姿势，她的脸紧贴在丈夫的背上，被压成了一张扁平的面具。

我们的医疗团队对她的状况进行了长时间的仔细评估，当我们提议将她转到加德满都接受治疗时，我感到自己的胸口绷紧了——我似乎能感觉到她的抗拒、恐惧和绝望。在我们的医疗团队讨论关于她的治疗选择的同时，她和她的丈夫也在一旁安静地商量着。然后，他们给我们讲述了一个村民的故事——那个村民也受了类似的伤，后来被转到加德满都，但死在那里了。虽然我们愿意承担所有费用，但她还是担心此行的代价。

她说话的声音比耳语大不了多少，但我们也能听得出来她不想吃喝，因为她大小便都不方便。了解到这一点后，我们给她开了一些药来帮助她改善食欲，我们团队的一名护士教她丈夫如何给她导尿和灌肠，还教他如何治疗佩玛的褥疮，以及如何减轻她身体和情感上的痛苦。

一个小时后，我们提出要帮助他把佩玛送回村庄，但是她和她丈夫平静地说“不”。然后，一起来的村民们把她抱起来，把她放到她焦虑不安的丈夫背上，这一小群人慢慢地沿着小径向他们的家乡走去。我站在帐篷里，看着这些卑微的人们在正午过后的昏暗光线中消失于远方。在某种意义上，我也随着他们一起去了。

体验到佩玛走投无路的感觉，这种打击本来可能会令我难以承受。我的心情很沉重，但我的想法也很客观，我只有一个念头：在这种情况下，我们如何才能最好地为她服务呢？最后，我觉得我们的团队已经尽了最大的努力，我们没仓促行事，一直保持沉稳镇定，既诚实面对她、关心她，也没有反应过度，没有给佩玛施加压力，非让她听我们的，以减轻我们对她所处环境的担忧。我们给了她力所能及的医疗帮助，我们也支持她和她丈夫所做的选择。

在佩玛这件事上，我始终保持着定力，在我的内心感受和我对她内心感受的感知之间，保持着清晰的界线。自我和他人之间的这种区别，使我们能够避免被他人的感情压倒。我也知道，我不可能真正了解佩玛内心正在经历着什么，但我可以感觉和想象。显然，我什么也不能假设，我需要尊重那些我可能永远也不会知道的事情。

两年后的 2017 年秋天，我们的团队回到了雅乐高村。在村子附近，河边的小路向右拐了个急弯，进入一片松树林中。令我惊讶的是，佩玛正好在那里！她个子很小，拄着一根拐杖。她向我打招呼时，眼睛湿润了。她丈夫抛弃了她，但随着食欲的恢复，她的精神渐渐振作了起来。后来，她哥哥带她去印度做了手术，一些身体功能恢复了。这一次，我们见到彼此都很高兴。

内化别人的痛苦和苦难可以帮助我们理解他们，但也可能让我们不堪重负并伤害到我们自身。我所体验到的对佩玛的共情是爱与痛苦的混合物。对于佩玛来说，我的反应是担忧和关心，我能够把佩玛的感受和我自己的感受区别开来。

健康的情感共情能让世界变得更有爱心。它可以培养社会联结、关心和洞察力。然而，没有得到管控的情感共情可能成为苦恼和倦怠的根源，也会导致退缩和道德冷漠。

共情并非慈悲。联结、共鸣和关心可能不会导致行动。不过，共情是慈悲的一个组成部分。我相信，一个没有健康的共情的世界，是一个缺乏感觉联结的世界，会让我们所有人都处于危险之中。

认知共情

认知共情，也被称为透视或读心术，通常被描述为我们透过他人的眼睛，站在他人的立场上，与他人冷暖相知的能力。不过，在我看来，我们这样做实际上是扩大了我们的意识和思维方式，是把其他人的经验也包含进来，就好像我们吸收了他们的观点、他们的思维定式、他们看待世界的方式，以及他们的现实状况。

虽然能读懂他人通常是一件好事，但对于那些希望找出他人弱点并利用这些信息加以操纵的人来说，透视法也可以被用作负面手段。在极端情况下，透视会导致我们失去自己的观点、良知和道德指南。这种心理体验可能是希特勒得以统治德国的一个因素，由此，人们开始从“元首”的角度看待社会，从而失去了他们自己独立的道德根基。它也可能会发生在邪教甚至政治党派内。尽管存在这些危险，透视仍然是社会生活中的一项重要技能，因为它能帮助我们把他人视为鲜活的个体，而不是模式化的对象或局外人。

记得有一次，我遇到了一个危险的情况，当时我能够和一个人，而不是一个被“他者化”的他，建立起联系，此时可能正是靠这种透视能力救了我一命。1969 年，我驾驶着一辆大众汽车穿越撒哈拉沙漠。这是一段漫长而艰苦的旅程，汽车开了一个又一个小时，一直跋涉在软滑的、不断下陷的沙子路上，有一半时间我都不知道自己到底在往哪里开。

在阿尔及利亚和马里之间的边境地带，我被愤怒的阿尔及利亚士兵包围了，真把我吓得不轻。我知道，如果他们想寻衅滋事，那么一个一头金色长发的西方女人可是一个完美的目标。当一名士兵对他的上级大喊，让他过来看看这个坐在大众小汽车里的陌生女人时，我瞬间感到肾上腺素飙升。当那个人走近我的车时，我不由自主地把他纳入我的意识之中。当他开始盘问我时，我突然觉得我开始透过他的眼睛来看目前的局面。我没有时间彻底想清楚目前的局面。此时，现想对策也并非可行的选择。我强忍住不对他进行负面预测，不去想他可能会把我当作加害对象，并以此待我，我觉得他是我的一部分，而且我也感到自己是安全的。当我恭敬有加地回答他的问题时，我们之间似乎建立起了一种脆弱的联系。我用蹩脚的法语告诉他，我是一位人类学家，正穿越撒哈拉沙漠往马里走。几分钟后，他让我松了一口气——我被允许继续开车穿过漆黑的夜幕，继续驶向那个广阔的沙漠世界。

可大约一个小时后，我的车又死死地陷在这没有现成道路可走的大沙漠中。如果不把车从沙土中拖出来，我就寸步难行了。幸运的是，此时我远离荒凉的军营，独自一人待在黑暗中，这样我就有时间去从容思考刚才发生的事情。我意识到，刚才与那位领头军官的融洽交流很可能已经帮助我逃过了一劫。我还意识到，我刚才做的最好的事情就是没有把他“他者化”，也没有把他视为威胁或敌人。这之所以会成为可能，就是在那个神秘的时刻，我把他的眼睛当成了我自己的眼睛。我不想让他把我看成一个加害对象，而是把我视为一位盟友，我还想能够继续赶路。我果然也做到了。

跪下来

我还想起了另一个关于透视的故事，这个故事发生在伊拉克战争期间，它阻止了一场大屠杀的发生。2003 年 4 月 3 日，时任美国陆军中校（现在是准将了）的克里斯·休斯（Chris Hughes）率领 101 空降师的 200 名士兵空降到圣城纳杰夫镇去解放这座城镇，并保护大阿亚图拉·阿里·西斯塔尼（Grand Ayatollah Alial- Sistani），他是伊拉克什叶派穆斯林的精神领袖，被萨达姆·侯赛因软禁在家。美国士兵沿着伊玛目清真寺（Imam Ali Mosque）附近的街道行进，这是全伊拉克最神圣的什叶派清真寺，在尘土飞扬的天空下，它的金色圆顶就像一顶王冠。

一群伊拉克平民聚集在一起，围观他们。这群人似乎很友好——可突然之间，气氛骤变。人群向士兵们涌过来，他们挥舞着拳头，愤怒地尖叫着，石块也从天而降。休斯后来得知，复兴党煽动者散布了一个虚假的谣言，说美国人到这里是为了入侵清真寺并逮捕这里的神职人员。休斯的士兵们已经好几天没睡觉了，他们虽然全副武装，但也被这突如其来的事端吓坏了。

休斯感觉到，此时如果有人开枪，就会演变成一场大屠杀。他也马上想到，从伊拉克人的角度来看，美国人似乎不尊重他们最神圣的清真寺。对他来说，最明显的解决办法是向他们表现出一种尊重而和平的姿态。

于是，他做了一件了不起的事情。他把步枪高高地举在空中，枪管对着地面，向人群表明他无意开枪。他命令士兵们："每个人都露出微笑！不要把你的武器指向他们。跪下来，放松些！"

士兵们看着休斯，又面面相觑，怀疑他是不是疯了。尽管如此，他们还是服从命令。他们身穿厚重的防弹衣，单膝跪下，用步枪指着地面，面带微笑。尽管还是有一些伊拉克人继续大喊大叫，但也有人退了回去，坐了下来。甚至还有人对士兵们报以微笑，双方在一瞬间产生了共情。

休斯通过扬声器命令他的部队站起来并向后退。他说："我们将退出目前的局面，让他们自行平息。"他用一只手捂着心口，做了一个传统的穆斯林手势，意思是"愿你们平安"，然后又对人群说了句"祝你们有美好的一天"，就带领部队离开了。

休斯和他的部队默默地回到了营地。在情绪平静下来之后，大阿亚图拉发布命令，要求纳杰夫的人民欢迎休斯的士兵们。

哥伦比亚广播公司新闻频道（CBS News）的随行记者记录下了这整个事件。后来，休斯对这家媒体说："从严重性的角度来看，冒犯这座清真寺很可能不仅会让该国的所有什叶派信徒都揭竿而起，还有可能会招惹到叙利亚人，甚至是伊朗人。"

休斯能够在极端压力下站在伊拉克人的角度来思考问题，避免了无数人丧生，这为他赢得了战争英雄的高度赞誉："他一枪未发却赢得了一场大战。"

休斯一定是在内心深处认识到，他必须竭力避免所有各方的痛苦。然而，他所采取的行动并不是经过训练的（想象一下，军事指挥官们会教他“跪下”吗），他在当时也没有时间来从容设计一个应对策略。他之所以这么做，是因为健康的共情引导他走向了联结和有技巧的行动。当我们向他人的体验敞开心扉时，我们自己的视野就会得到扩展，是共情和直觉成为我们的行动指南，而不是算计。我也相信休斯的行为在一定程度上是受到了想象力的启发，这是一种以不同的方式看待事物的能力。在这种情况下，其好处显然是无法估量的。

通身是手眼

所谓“禅宗公案”（koan），就是一则禅宗故事或隽语，可以揭示修行者的思想。下面这段公案是云岩和道吾两位禅师之间的对话。这是对共情和慈悲的深刻揭示。故事是这样的：

> 云岩问道吾：“大悲菩萨，用许多手眼作什么？”道吾云：“如人夜半背手摸枕子。”岩云：“我会也！”道吾云：“汝作么生会？”岩云：“遍身是手眼！”道吾云：“道即太杀道，只道得八成。”岩云：“师兄作么生？”道吾云：“通身是手眼！”

这种交流似乎有点令人费解，但首先我们必须记住，菩萨是一个佛教原型，代表着共情、利他、慈悲和智慧，菩萨是一个觉醒的生命，发誓要生生世世地回到世上，以拯救他人免受痛苦。菩萨本可以永远离开我们这个让人痛苦的世界，但他们却自愿选择重生到这个可怕但又美丽的蛮荒生活世界中去服务他人。

观音菩萨经常被描绘成千手千眼的形象，在其每个手掌中都有一只眼睛。手代表着灵巧的手段，眼睛代表智慧。

在这段公案中，年轻的云岩禅师问，在菩萨的这些眼睛中哪个是正眼。道吾没有给出一个传统的答案。他深入研究了共情、慈悲和智慧是如何从此刻的心灵中自发地涌现出来的。他回答说，这就像我们晚上闭着眼睛抓落下的枕头一样，我们并没有刻意用哪只眼去看，只是很简单、很自然地去做这件事情，因为我们通身是眼。

寂天菩萨在《入菩萨行论》第 8 品第 99 节（VIII：99）中写道："若谓自身苦，应由自防护；足苦非手苦，何苦手护足？"然而，事实上，如果我们脚上扎了刺，我们的手就会很自然地去把刺拔出来。手是不会去问脚是否需要帮助的，手也不会对脚说"这又不是我承受的痛苦"，手也不需要脚来感谢。它们是同一个身体的一部分，是同一颗心的一部分。

道吾这是在暗示，菩萨对他人的慈悲是出于本能的；这是自然而然的事情，他对夜晚的描绘是如此贴切，因为夜晚的黑暗掩盖了自我与他人之间的所有差异。我们确实是一个整体。

云岩似乎明白了。但道吾还是要试试他，问他到底明白了什么。云岩回答说，菩萨慈悲的身体上遍布手和眼睛。

道吾立刻看出云岩没有抓住重点。这只是肤浅的回答，仅得其皮毛而已。因此，道吾用"通身"这个词纠正了云岩，因为这个词意味着菩萨的整个身体和精神有机体本身就是手和眼睛。

当我听到多玛的呼喊，看到佩玛，或者凝视着那位阿尔及利亚军人的眼睛时，我并没有对自己说，为了成为一名好菩萨，我最好要有共情；相反，我立即被这些人的体验完全感染了。这时的共情是自由自愿的。

然而，在遇到多玛那次，我的感觉是必须有意识地调整自己的体验，以免自己被共情的痛苦所压倒。当我这样做的时候，慈悲心就有了得以发生的空间。这就是为什么说共情是一种边缘状态。它在我们生活中的价值是不能被衡量的。但是可能需要衡量的是我们的共情反应的高度和深度，以免我们随后被其压垮。

从共情的边缘坠落：共情痛苦

你可能会问：“由过度认同而与受害者融合成为惠特曼所说的‘伤者’，会有什么样的后果呢？”我并不是在说一个短暂的感觉或理解时刻，而是在讨论一种与他人的痛苦在身体、情感和/或认知上深度融合而非释放的体验。

当我们强烈认同一个正在受苦的人时，我们的情绪会把我们推过边界，落入痛苦之中，这可能反映出我们正试图为之服务的那些人的痛苦。如果我们对其痛苦的体验压垮了我们自己，共情痛苦可能就会使我们变得麻木，使我们为了保护自己免于承受那些沉重到难以承受的痛苦而抛弃他人，并使我们体会到压力和倦怠的症状。

共情痛苦的近亲是继发性创伤和替代性创伤。二者都可能发生在医生、律师、人道援助工作者或牧师、禅师身上，因为他们见证他人遭受的痛苦，并且可能过于沉溺其中，从而在其自身引发后天或间接的创伤。继发性创伤可能会突然发生，替代性创伤则是累积形成的。这两种状况都是由不节制的共情所导致的。

有一位禅师，也是我的亲密同事，曾听救援人员和“9·11”事件中的幸存者讲述过在这场灾难中的经历。当时一切都乱了套，大家都像没头苍蝇一样，像我同事这样的禅师们不眠不休，竭尽全力为幸存者和工人们提供服务。对我的同事来说，最困难的那部分工作是要为那些翻开废墟寻找遇难者遗体的人们提供支持。听过他们的讲述之后，她的心理也遭受到了创伤，甚至在很多年后仍无法把这痛苦的场景从脑海中抹去。在“9·11”事件发生后的几年里，她不断地向人讲述这件事情，仿佛是在重新亲身经历那可怕的一天中所发生的事情及其后果。

人道主义工作者和从事援助工作的人特别容易产生共情痛苦。他们可能会开始表现出与被救助对象相似的生理和心理症状。这种现象并不少见。1982年，临床心理学家雅尔·达涅利（Yael Danieli）写了一篇综述性文章，介绍了曾与纳粹大屠杀幸存者打过交道的治疗师们所经历的情感反应。有几位治疗师告诉她，他们经常做与病人类似的噩梦。一位治疗师分享说，当他看到病人前臂上被纳粹打上的识别文身时，他会呕吐，因此不得不迅速地走开。达涅利博士报告说，几名治疗师开始回避这些幸存的病人，如果确实与他们遇上了，治疗师们就会害怕听他们讲在集中营里的经历。

我也听那些为家庭暴力、性虐待和自然灾害幸存者服务的律师和社会工作者们说过这种现象。卡特里娜飓风过后，我的一位禅师助理前往新奥尔良，与飓风幸存者一起工作。当他和我分享他的经历时，他说他对发生在超级穹顶体育馆（Superdome）里的一些人身上的事情感到特别恶心。他焦虑地说，他觉得自己是一个幸存者，他说他害怕再回到新奥尔良，因为幸存者曾经历过的恐怖来势汹涌，快要把他淹没了。

2008 年 4 月，卡特里娜飓风之后的第三个年头，我参观了超级穹顶体育馆。那时，我发现自己正在思考的是，这位禅师对这曾如地狱一般的地方所发生过的事情的反应——当时曾有数以千计的人被困在这个被称为“最后的避难所”的地方。我是作为参加作家伊娃·恩斯特（Eve Ensler）发起的一场集会的一员来到这里的，这场集会的目的是，纪念她发起的以结束对妇女和女孩的暴力为主题的全球“胜利日”（V-DAY）运动 10 周年。大约有三万人参加了这次集会，其中有几千人曾在卡特里娜飓风过后被困在这座建筑中。

在其时其地，我遇到了一些曾在被困于超级穹顶体育馆期间遭受性侵犯的女性，以及一些曾因厕所已经满溢而不得不在这里的地板上排便的人们。许多人对他们所经历的一切感到耻辱、羞愧和愤怒。我遇到的大多数妇女，从超级穹顶体育馆中“获救”后，就再也没有回过新奥尔良——如今她们已在美国其他城市重新安顿下来。

当我聆听一个又一个女人讲述各自的故事时，我对她们所经历的一切越来越敏感。我觉得自己就像是要熬过一段耶罗尼米斯·博斯（Hieronymus Bosch）画作中所描绘的生活。我很快就意识到，我就要沿着共情痛苦的斜坡滑入卡特里娜飓风带来的滑腻的洪水中了。

在动身前往新奥尔良之前，我做出了一个承诺：要坚定立场，要如实见证卡特里娜飓风过后所发生的一切。如果我想在这苦难的洪流中挺住，就不能弃船，而是要乘风破浪而上，我需要清楚我并没有经历过这场大灾难。我必须坚定自己的目标：为在飓风及其余波中幸存下来的那些女性提供一些资源。我必须通过充足的睡眠、合理的饮食，以及在超级穹顶体育馆附近的公园散步来保持精力充沛。

我还建议这些女士们讲得慢一点，这样我们就可以一起改变这些叙事的情感基调。我总是问这些了不起的女性，她们究竟是如何熬过来的？她们的力量源泉在哪里？为什么她们没有陷入绝望，而是保证了孩子们的安全？在如此可怕的情况下，她们是如何做到为自己的母亲、姐妹和兄弟们提供帮助的？当她们和我分享这些痛苦的经历时，当回想起当年蕴藏在自己内心的人际关系中的力量时，其中一些人看起来又受到了刺激。我发现，如果我们有意限制她们，使其难以与人分享，我们就不会听闻她们的故事；如果我们做出恐惧或是想离开这一场景的反应，那么我们也会扼杀自己的共情，并剥夺自己基本的人性美德。

我知道，在听她们讲述自己的经历时，我们必须小心，不要让那些讲述者再次受到创伤。有时，回忆这些痛苦的故事，对讲述者和倾听者都有好处；但有时则并非如此。当我和有些经历过严重伤害的幸存者坐在一起时，我总是问他们，究竟是什么帮助了他们？他们是如何设法重建自己的生活的？在陷入严重困难时，他们依托的最重要的力量是什么？

当经历共情痛苦以及作为其难兄难弟的继发性和替代性创伤时，我们内心经常会激起反应性的和恐惧的风暴——这是一种足以打碎我们和我们的世界的力量。然而，如果我们对自己和他人保持耐心和谨慎，这种叙事可能就会从可怕的变成英勇的，过去的创伤就可能成为现在和未来的良药。

共情不是慈悲

我的朋友马修·李卡德（Matthieu Ricard）是一位藏传佛教僧人，几十年来一直在喜马拉雅山区修行。多年来，他一直与一些科学家合作，通过做一些实验来探索冥想修习对人身心两方面的影响。其中的一个实验提供了一个很好的例子，说明了共情痛苦，以及共情和慈悲之间的区别。

2011 年，在德国马克斯－普朗克研究所（Max Planck Institute）神经学家塔尼亚·辛格（Tania Singer）及其团队的指导下，马修爬进了一台功能性核磁共振成像仪（fMRI），被要求在想到他人所遭受的痛苦时产生共情。在前一天晚上，马修观看了 BBC 关于罗马尼亚孤儿的纪录片，他们的困境使他深感不安。尽管孩子们吃过饭，洗过澡，但他们不是在茁壮成长，因为他们缺乏关爱。

马修认为，对这些孤儿来说，“缺乏关爱导致孩子们出现冷漠和脆弱的严重症状。许多孩子走起路来都东摇西晃，他们的健康状况非常糟糕，院内经常发生孤儿死亡事件。即使是在洗澡的时候，这些孩子中的许多人也会因为疼痛而畏缩，哪怕是最轻微的撞击都可能导致他们腿部或手臂骨折”。

在功能性核磁共振成像仪中，马修任自己沉浸在这些孩子的痛苦中，让他们的遭遇清晰地浮现在自己脑海里，努力感知他们所处的可怕境遇，把自己当成他们中的一员。他并没有调整自己对他们痛苦的体验，而是让自己尽可能深切地感受到他们的苦难和伤痛。没过多久，他就开始感到不知所措，精疲力竭。

在经过长达一个小时的紧张实验后，研究者对马修提出要求：或是继续共情，或是转向慈悲冥想。他说：“在接下来的扫描中，我毫不犹豫地同意采用慈悲冥想的方式，因为我在共情之后感到精疲力竭了。”

他转向慈悲冥想，继续关注孩子们的痛苦。然而，在这个阶段的实验中，当想到这些孤儿所遭受的极端的人间苦难时，马修有意识地生发出爱、善良、关心和利他主义的情感。

实验结束后，马修将他在慈悲冥想中的体验描述为一种温暖、积极的状态，同时还有想要为孩子们做些事情的强烈愿望。这与他实验前期的共情体验（实际上是共情痛苦）形成了鲜明对照，那完全是让人感到精疲力竭、衰弱无力的。

他的大脑也反映出了一些显著差异。脑部扫描显示，他的共情体验已经在与疼痛相关的神经网络中得到了反应。研究表明，这些区域与自身经历疼痛时的情感组元（emotional component）[但不包括感觉组元（sensory component）] 与观察他人感受疼痛时的情感组元有关。他的慈悲体验则反映在不同的神经网络中——是那些与积极情绪、母爱和归属感相关的神经网络。共情和慈悲之间的巨大差异让这些研究人员感到惊讶。

后来，马修跟我说，在慈悲冥想的过程中，他的心中充满了爱和柔情，并感到神清气爽、深受鼓舞。他写道："随后的慈悲冥想完全改变了我的精神面貌。虽然受难儿童的形象仍然像此前一样鲜活，但他们不再能引起我的痛苦；相反，我感到了自己对这些孩子自然而然的、博大无限的爱，以及想要接近和安慰他们的勇气。此外，我和孩子们之间的距离也完全消失了。"

马修的体会和我遇到那个受到严重烧伤的尼泊尔女孩多玛时的体会相似。当时，我并不知道共情和慈悲在神经学上的区别，但我知道，我必须摆脱对孩子痛苦的体认，要进入那种让我自己感到踏实，同时又对那些正在拯救她生命的人充满感激之情的状态中。在我像马修一样实现了这样的转变之后，我因自己内心涌起的慈悲心而重新焕发了活力。

塔尼亚、马修和他们的同事报告说，这个实验是他们认识慈悲的一个转折点。他们不仅收集了令人信服的证据，证明共情和慈悲之间存在神经生物学上的区别，而且马修也证实了他对这些状态的主观体验存在着显著差异。

共情唤醒

在马修参加这些实验前的几年，社会心理学家南希·艾森伯格（Nancy

Eisenberg）与我在华盛顿特区参加了一场由心智与生命研究所（Mind and Life Institute）主办的对话，与一些教育、神经科学和社会心理学方面的专家会面交流。会上，艾森伯格提出了一个有趣的模型，该模型描述了能导致共情唤醒的情感特征。然后，她又分析了能促使这种体验或变成个人悲伤或变成健康的慈悲心的因素。

艾森伯格博士从她对儿童的研究中发现，当我们遭遇他人的痛苦时，会有三种互相交织的体验流汇聚在我们的内心，形成一定程度的唤醒，进而激发我们行动。她的研究揭示了这样的事实：从本质上说，当我们和一个正在遭受痛苦的人在一起时，我们希望自己能够感知对方的情绪，从对方的角度观察当前局面，并回想起自己过去的类似经历。这导致了一种唤醒体验，如果不加以控制，就会导致共情痛苦。艾森伯格博士观察到，共情痛苦是一种令人反感的情绪反应，它会让我们选择逃避，而不是去为他人服务。

艾森伯格博士指出，在共情痛苦中，可能会出现这样三种反应：一是“帮助”行为，是基于保护我们自己免受带有威胁性的、不愉快的或困难的体验的需要（病态的利他主义就是一个很好的例子）；二是包括回避行为（即否认和冷漠）在内的反感反应；三是因为当面对遭受苦难的人时感觉太痛苦，从而放弃他们的基于恐惧的逃跑反应。

会议结束后，我调整了艾森伯格博士的模型，并将其作为应对共情和共情痛苦的工具，与临床医生、教育工作者和其他人分享。我意识到，作为个人痛苦的结果，至少还有两种基于恐惧的反应——道德义愤（打架）和麻木（冷漠）。

艾森伯格博士在会上解释说，如果唤醒反应得到节制，健康的关爱之情就会被激活，同情和慈悲就会由此生发出来。在与社会心理学家丹尼尔·巴特森（Daniel Batson）的合作中，她发现，那些在特定情况下怀有慈悲之心的人，会比那些遭受共情困扰的人更有可能采取行动为他人服务。

我知道允许自己将他人的体验融入自己的体验中是多么重要。然而，认识到我们毕竟不是对方，也给了我们能够让自身保持镇定的空间，也让我们至少体验到一点谦卑。在认同和区分之间找到平衡是至关重要的。如果不能区分开自我和他人，共情痛苦就是不可避免的。

艾森伯格博士的模型和巴特森博士的研究对我来说是非常有价值的，能帮助我更好地理解我们在遭遇苦难时的反应的复杂性。这也让我更加坚信，为了避免或转化痛苦，我们需要对共情保持节制。

情绪迟钝与情感失明

不过，人们有时会对他人的痛苦无动于衷。例如，权力就会钝化我们的共情能力，就好像我们的大脑受到了严重损伤一样。对此，《大西洋月刊》（*The Atlantic*）2017 年 7 ~ 8 月的一篇文章是这样总结的：

> 历史学家亨利·亚当斯（Henry Adams）用隐喻，而不是用医学语言对此做了诠释。他把权力描述为“一种肿瘤，最终杀死了受害者的同情心”。加州大学伯克利分校（UC-Berkeley）的心理学教授达契尔·克特纳（Dacher Keltner）经过多年的实验室研究和现场实验，也得出了与之相近的结论。经过历时 20 多年的研究，他发现，受到权力影响的被试表现得好像遭受过创伤性脑损伤——变得更冲动，风险意识更低，更重要的是，他们也更不善于从他人的角度看问题。

还有一种情感失明症，受其影响的人无法读懂自己和他人的情感。神经学家塔尼亚·辛格及其同事们研究了一种与孤独症相关的疾病，它被称为“述情障碍”（alexithymia）。患有述情障碍的人难以识别和描述一个人的情绪和内脏活动（心率、呼吸等），也很难区分他人的情绪。这个领域的研究证实了我与临床医生们合作时的直觉——我们感知自身身体体验的能力可能与我们感知他人情感和身体体验的能力有关；相反，无法感知自己的内心过程可能与共情能力下降有关。

在另一项重要研究中，塔尼亚及其同事们发现，调整自己的内脏活动会激活与共情相关的神经网络。这项特殊的研究表明，专注于身体体验的能力，是一种冥想者可能会发展到较高水平的技能，反过来又能滋养出更丰富的共情能力。

我经过多年的观察发现，医生和护士们在照顾病人时，经常会忽略他们自己的身体需求，如进食、洗澡和睡眠的需求。此外，许多人与我分享，在他们所接受的培训中，他们基本上不被鼓励产生共情（“这是不‘专业的’！”）。然而，他们也知道，他们并没有真正地与他们所服务的人建立起联系，而且还对自己作为临床医生的身份感到不舒服。正是因为经常听到人们这么说，我才意识到向人们传授培养健康共情的技能可能很重要。由于发现了身体意识和共情之间的关系，我改进了善巧临床医生培训项目的课程，纳入了更强的体育锻炼元素和对身体的协调，以提高健康共情的能力。

在礼物和侵犯之间

莱斯利·贾米森在《共情测验》（*Empathy Exams*）一书中写道：“是被视作礼物还是侵犯，人们对共情的看法总是不够牢靠，常常在二者之间游移。”就共情痛苦而言，这种侵犯是双向的，可能会影响共情的接受者和施与者。如果在自己和他人之间没有明确的界限，就会对双方造成伤害；如果和他人之间的界限使得双方产生了过远的距离，我们就可能会物化对方或失去我们对他人的关怀之情。

在接受《哈珀斯》（*Harper's*）杂志的采访中，贾米森说：

> 我对与共情有关的每一件可能存在缺陷或混乱的事情都感兴趣——对其他生命的想象怎么就成了一种暴政，或者人为地免除了我们的罪恶感或责任感呢？产生共情怎么就会让我们在其实并未采取行动的情况下觉得自己做了好事？……我们开始喜欢上这种为别人难过的感觉，它能让我们自我感觉良好。因此，共情有很多危险：它可能是自私自利的或者是以自我为中心的；它可能使我们的道德推理误入歧途，或者完全取代道德推理。不过，就算我承认它一团糟，那我还想为它辩护吗？很有可能的是，我想通过承认这种混

乱来为它辩护。

发展心理学家保罗·布卢姆（Paul Bloom）详述了共情是如何将我们的道德推理引入歧途的。我们可能会以牺牲那些不像我们的人为代价，来体认那些我们认为与自己更“对胃口”的人，并对他们产生共情。“共情让像我这样的人喜欢……我所在社区的人们胜过喜欢陌生人……只要思考一下，我们就很容易发现，这是一个非常糟糕的导向。”

另一个道德问题是，我们是否“被允许”对那些被普遍视为坏人的人产生共情。博主阿曼达·帕尔默（Amanda Palmer）深刻思考了波士顿马拉松爆炸案凶手贾哈尔·萨纳耶夫（Dzhokhar Tsarnaev）的感受，她就此写了一首诗并发表出来，随后就收到了死亡威胁，保守派和自由派记者都对她进行了广泛的谴责。另一方面，当作家和电影制作人能够让我们对小说《洛丽塔》（*Lolita*）或电视剧《绝命毒师》（*Breaking Bad*）之类作品中那些令人讨厌的角色产生共鸣时，这又是优秀艺术的标志。理解他人的想法，尤其是那些与我们有很大不同的人的想法，是开创社会变革的一个重要因素。

共情的一个麻烦之处在于，我们无法确定我们与他人体验的联系是否仅仅是我们自己的投射、欲望、渴望或错觉，或者它是否真实存在。正如贾米森所写的：“过于肯定地想象别人的痛苦，可能与无法想象到它们同样有害。”

当我们探索与那些正在遭受痛苦之人的关系时，保持谦逊是很重要的。英国坎特伯雷市前大主教罗恩•威廉姆斯（Rowan Williams）在哈佛大学谈到共情及要以谦逊作为根基时表示：“具有重要伦理意义的表述是……共情的要义在于，不是要说‘我知道你的感受’，而是要说‘我不知道你的感受’。”当我们以“不知道”作为出发点时，就会意识到，我们无法真正重现他人的感受，但我们可以更好地调整自己的共情反应。

伯尼·格拉斯曼禅师的夫人伊芙·马尔科（Eve Marko）是我的朋友，她曾以富有表现力的笔触描述过，她从那些自认为理解她的感受的人们那里感受到了共情。格拉斯曼禅师在 2016 年 1 月患卒中，安慰和忠告从四面八方涌来，使得夫妇二人都感觉自己“过载”了。对此，伊芙写道：“在伯尼患卒中后的 34 天里，我学到的最大的教训是，仅仅是保持见证和倾听是多么困难。因为有很多人都想告诉我，此刻和此前我的感受该是怎样的——如‘你一定很害怕吧’，或是‘这对你来说一定很糟糕吧’等。我想告诉他们的是……你们怎么知道我是怎么想的呢？”

她继续写道：“我也会对其他人的想法和感受做出假设。也许我是从《共情 101》(*Empathy 101*) 一书中摘录的——想象一下某人的感受，然后马上产生共情，‘这对你来说一定很可怕’。也许是，也许不是。在我问你并听你的回答之前，我怎么会知道你的感受呢？”

伊芙描述了她更倾向于拥有的体验：“我最感激深度倾听带给我的平静。当有人坐在我对面，或是安静地守在电话线的另一端，耐心地让我自己去想一件事，就这样一直等着我，直到某种情绪最终浮现，我就能够大声地把它说出来……不要用道歉、反悔、放马后炮、注意到天开始下雨或感谢对方给你倒了杯咖啡来掩盖那令人不安的静默。当对方在考虑你的请求时，请保持沉默，就这样等着他回答。”

伊芙这是在要求我们倾听他人，不要自以为完全了解他人的痛苦。她建议我们练习“不知道”和“见证”，这是她丈夫格拉斯曼禅师创立的禅和平组织（Zen Peacemaker Order）的前两条原则。谦逊意味着我们在力所能及的范围内，要把自己的预测和解释先放一放，要保持开放并尊重他人的经验，同时诚实地面对自己的优势和局限性。

共情和其他边缘状态

共情和其他边缘状态是紧密地交织在一起的。当我们经历共情痛苦的同时，可能会想通过见义勇为的照护行动来减轻他人的痛苦，这种行为就带有病态利他主义的味道，很容易导致我们将热情耗尽。这样的行为不仅会伤害我们自己，还会伤害到那些我们为之服务的人，因为这会对他们的行为能力产生负面影响或剥夺他人的能动性。我们容易陷入的另一种边缘状态是道德痛苦；在涉及不公正或系统性暴力的情况下，我们很容易因为过于同情他人而感到道德上的痛苦和愤怒，而这反过来又会导致逃避、麻木和倦怠。莱斯利·贾姆森曾写过共情可能具有潜在的侵入性，这就是不尊重他人的一个有力例证。

我曾在京都举办过一场关于慈悲的培训，后来与一位参与培训的日本老师面对面交谈。他哭着告诉我，他为学生们所遭受的痛苦而感到深深的痛苦。他精疲力竭，似乎快要在共情痛苦和道德痛苦的边缘坠落了。他告诉我，在竞争激烈的教育体制下，学生们总是忧心忡忡，压力很大。对此，他几乎无法把自己的痛苦与学生们的痛苦区别开来。

他认为，教育体制正迫使他的许多学生成为完全脱离社会的蛰居族（hikikomori）。他说，日本有 100 万年轻人，且大多数是男性，他们“宅”在家中，过着隐士一样的生活。他坚持认为，造成这种现象的原因之一就是日本的教育文化。这位老师担心，学校要求老师们采用严格的教学方法，会使得学生们在情感和社交方面越来越孤立。而且从某种程度上说，他对这种局面的形成也起了推波助澜的作用。情感上的压力、疲惫和沮丧使他无法从学生的痛苦中解脱出来，他觉得自己无法继续教书了。和他的学生一样，他也在崩溃，也想“宅”起来。

他请求我来教他，如何处理围绕实行竞争性考试和满足日本教育系统的其他要求之间的共情痛苦和道德冲突。我们花了一些时间来探索接地练习（grounding exercises）和重新评估情况的方法，以及慈悲的方法（如将在第 6 章中阐述的 GRACE 方法）。我确信他明白，这些反思的做法并不是为了帮助人们适应那些难以维持的局面。我跟他说，我觉得他的痛苦反映了他对真实伤害的正常关切，我鼓励他认识到，他的被压倒的感觉是对伤害的一种现实反应。对他来说，最重要的是获得平衡，然后要从自己有力量的地方而不是脆弱的地方采取改进行动。

支持共情的修习

有四个关键性的修习可以支持共情的发展：第一个也是最简单的修习是，将注意力集中在身体上，以培育和增强我们协调身体感觉的能力；第二个修习是深度聆听；第三个修习是学会掌控我们的共情反应；第四个修习是利用想象力作为培养共情的一种方式，让那些我们可能已经将其“物化”的人重新人性化。

将注意力集中在身体上

关于共情和我们协调自身内脏活动的能力之间的关系的研究，改变了我训练他人共情和慈悲的方式。冥想练习（如身体扫描）不仅可以强化我们对自身身体体验的协调，还可以扩展我们感知他人体验的能力，让共情更容易实现。身体扫描是一项简单的练习，需要注意身体的不同部位。我们可以坐着做，也可以仰卧着做；无论节奏快慢，我们都可以做；我们还可以连续地专注于身体的某一部分，或者用注意力扫视整个身体。

首先，要把注意力集中在呼吸上，让身体平静下来。然后，把你的意识转移到身体上，从脚开始，随后通过腿、骨盆、胃和胸部。接下来，将意识转移到手臂和手指，颈部和头部，直至头皮。最后，慢慢引导你的意识通过身体回到脚上。当练习结束时，把你的意识转回到呼吸上，花几分钟放松一下，让头脑和心灵都保持开放、平静的状态。

身体扫描是一种接地练习，可以让我们放下纷繁的思想，关注自己的身体。在扫描的过程中，我们开始与身体一起放松，进入一种更容易接受身体的关系。这种感觉进入身体的体验，也能给我们提供关于我们的感觉和直觉的有价值的信息。此外，我们还可以运用扫描来提高感知他人体验的能力。

深度聆听

第二个培养共情的修习是，通过倾听的体验。要想做到真正地倾听，就要走出自我专注、自我欺骗和分心，远离那些技术设备所造成的迷幻状态，保持开放性和好奇心，安于当下。让我们的体验敞开，把他人包含进来，这是一个关于包含性的强有力的实验。要真正倾听他人，就需要我们用身体、心灵和思想去倾听；同时，也要越过个人历史和记忆的过滤器去倾听。

作为一项修习，你可以选择你熟悉的人或陌生人。让你的意识慢慢扩展到把他们包含进来；同时，要保持镇定。注意当你对他们的体验敞开心扉时，你的体内正在产生什么样的感觉和情绪。接下来，要看你能否放下任何武断或偏见，进入一种以好奇心为特征的思维方式，而不是以对赞成或反对的偏好为特征的思维方式。

观察当你听到这个人的声音时，能否帮助你更生动地向他们的体验敞开心扉。他的声音传达了什么信息——你听到了什么言外之意？倾听以及与他们在一起，会让你更深地融入他的生活吗？你能感觉到在他的皮肤下、在他的内心或是他们的思想里，正在发生着什么吗？你是否能感觉到他们在以某种方式“寄居”在你的身上？

然后，放开这个人。回到这一刻你内心正在出现的东西，让自己放松，进入开放的状态。

掌控共情

共情通常是慈悲的一个重要特征，我们需要通过记住自我和他人之间的差异来管理它——这听起来像是来自一位佛教徒的奇怪建议。因为佛教强调，从一个角度看，自我和他人并不是分开的。我认为我们必须同时牢记这样两个事实——我们既彼此联系，也彼此不同。我们必须在无休止地开放我们的体验和接受我们自身的独特性之间保持微妙的平衡。

一旦我们处于失去这种平衡的边缘，就可以重复使用一些指导性的话语来提醒自己：我们是关心他人，但我们终究不是他们。当我眼见别人遭受痛苦时，我经常用下面这样的话来“武装”自己：

愿我能无条件地奉献我的关心和相守，我知道它可能会遭逢感激、冷漠、愤怒或痛苦；

当我知道自己无法控制生命、痛苦或死亡的过程时，我愿献上爱；

愿我能发现自己的内在力量，能真正地给予；

愿我能平静下来，放下期待；

愿我能接受现实；

愿我能像同情他人的痛苦一样，同情地看待自己的极限。

这些话是我从佛教师父莎朗•莎兹伯格那里学来的，当我们即将越过共情痛苦的边缘时，可以借助它们来“纠正”自己。

再人性化修习

我想提供的第四种修习方法是由约翰·保罗·莱德里奇（John Paul Lederach）开发的。莱德里奇是一位社会学家和冲突化解方面的专家，曾在尼泊尔、索马里、北爱尔兰、哥伦比亚和尼加拉瓜担任和平使者，处理与直接暴力和系统性压迫有关的问题。他一生致力于通过重新点燃共情、尊重、理解和相互认同的过程，去探索和实现对非人性化和暴力的替代。他把这种做法称为“再人性化”。莱德里奇解释说，再人性化意味着培养我们的道德想象力，目的是先把他人视为一个人，从他人身上看到我们自己，并认识到彼此共有的人性。它还包括感受他人的痛苦（共情），以及尊重所有人的基本的做人尊严。

莱德里奇确认了四种想象力。第一种是“对孙辈的想象力”。他的意思是，我们应该展望未来，看到我们的孙辈和我们对手的孙辈，就可以很容易地拥有一个亲密的共同未来。我们需要培养一种能力，想象自己身处一个包括我们的对手在内的关系网络中。在这里，为了把我们的对手纳入我们的体验中，共情是至关重要的。这种想象力能使我们的视野超越眼下这种冲突和偏见的思维方式。作为认知共情的一种形式，它促使我们为所有人的共同利益而努力。它还能激发我们去理解不同观点之间的差异，并能成为摆脱对他人的仇恨和物化的途径。

第二种想象力是，在与我们的对手、与那些正在受苦受难的人，以及与那些和我们截然不同的人共同行进的过程中，让“不知道”“模棱两可”“好奇心”“探究”和“谦逊”结为盟友。就像克里斯・休斯上校在伊拉克所做的那样，运用想象力，敞开心扉去接受那些看起来不可思议的可能性。

第三种想象力是，让我们看到一个不同的未来。莱德里奇将其称为“创造性想象力”，指面对种种困难，以一种使所有参与者再人性化的方式来设想未来，并创造出变革可能性的能力。这种想象力指向有弹性的目标和异乎寻常的耐心，是指当我们想象一个比我们本来预计的更广阔的视野时，能够无所畏惧、不厌其烦的能力。

第四种想象力是“对风险的想象力”。这里的“风险”指的是与结果无关的风险，是与未知相伴随的风险，是超越分歧、以好奇心和力量应对不确定性的风险。在我们努力结束去人性化、物化和痛苦的过程中，要有勇气和爱去面对我们的团体，以及我们思想中的阻力。

想象力的力量和健康的共情能让我们从截然不同的角度看待事物，并能引导和激励我们抵制令人无法忍受的平庸化。当我们处在共情和想象力这两种生态重叠的地带时，就可以将生命的多样性纳入我们的体验，并自如地与勇气或放弃为伍。

在共情边缘的发现

在关于神经科学领域的文献中，与非冥想者相比，冥想者具有更强的心理可塑性和更少的执念（例如，思想“黏在”或固着在脑海中）。冥想修习，加上无私的动机，可以增强我们感知自己的主观体验和他人体验的能力（即共情），通过自动调低我们的情绪反应，以新的视角看待事物，也更容易释放自己的思想和情绪。例如，根据神经学家安托万·卢茨（Antoine Lutz）博士的说法，一名执业医生对情绪刺激的反应可能和新手一样强烈，甚至更强烈，但是他能够比新手更快地恢复平静。在一篇关于注意力调节的论文中，卢茨博士描述了“开放监测”（open monitoring）或开放意识冥想的一个结果就是如何减少我们陷入困境的倾向，从而更好地强化了我们的情感柔韧性。

神经系统科学家盖尔·德斯博尔德（Gaëlle Desbordes）及其同事们研究了镇定和冥想。与安托万·卢茨的研究结果类似，德斯博尔德博士发现，冥想的好处之一是“更迅速地脱离最初的情绪反应，更快地回到正常状态”。这种能力可以帮助你从短暂的共情痛苦过渡到镇定和慈悲的状态。

如果我们能快速转换精神状态（这是一种我们可以通过冥想培养的技能），就不会那么容易滑过边缘陷入共情的痛苦中。当我们遭遇他人的痛苦时，这种精神上的灵活性能支持我们在内心创造空间，也让我们清楚地认识到自我和他人之间的区别。在冥想修习中，我们能学会观察在我们的主观经验中滑翔、颠簸的思想、感觉和情绪。我们越能做到不同化于这样的体验，而只是观察它们，就越能避免成为他人痛苦的受害者。

如果我们失足滑过边缘，这时有发生，也并不意味着会全盘皆输。共情痛苦可以成为一种激励力量，促使我们采取慈悲行动，以结束他人和我们自己的痛苦。我们需要某种程度的觉醒，某种程度的不适，以调动我们的慈悲心。我们只需要确保自己不会陷入痛苦的沼泽，因为它会让我们精疲力竭，让我们远离对他人的关心。如果我们能学会区分自己和他人，而不让他人和我们之间产生太大的距离，那么在我们为他人服务时，共情就会成为我们的盟友。

最后一个直觉是：也许他人与我们共享切肤之痛的程度，并不像我们接受他人、与他人共享切肤之痛、让他人走入自己内心的程度那么深，因此这会让我们显得更加阔大，能更彻底地包容对方。共情不仅是在我们的小船上与痛苦同行的一种方式，也是成为海洋的一种方式。我相信，如果我们不沉溺于痛苦的汪洋中，共情的天赋就会让我们变得更加阔大。共情是通过智慧练就的，它能给我们能量，让我们无私地为他人行动。

一个没有共情的世界对他人来说是死寂的——如果我们在别人看来是麻木不仁的，那么我们对自己也是麻木不仁的。分享他人的痛苦可以带我们越过有己无人，甚至是自私残忍的狭窄的峡谷，进入更宏大、更广阔的属于智慧和慈悲的天地。

我也觉得共情是人类的一种本质需要，是我们的根本美德要求我们接受它。请记住伟大的哲学家阿瑟·叔本华（Arthur Schopenhauer）的名言："既然那不是我自己的痛苦，也不是我所关心的痛苦，那么它怎么可能像我自己的痛苦那样立即影响到我，怎么会有那么大的力量促使我采取行动呢？""当共情是健康的，它就能成为一个行动的号召，这样的行动不是为了减轻我们个人的不适——减轻世界的痛苦才是更大的幸事！"

第3章

STANDING AT THE EDGE

正直

如果没有正直的美德，自由就是不完美的。

我父亲在他去世前两天，跟我们滔滔不绝地讲了许多故事。我和妹妹还从来没有听说过他在第二次世界大战中的经历——在我们家，这是需要一个小心翼翼回避的话题。然而，我父亲突然开始提起这个话题，于是这些故事就像他需要排出某种毒素一样，一一浮出水面。

作为海军第一艘坦克登陆舰——第 393 号舰的指挥官，我父亲参加了第二次世界大战中的一些重大战事，包括攻占西西里和萨勒诺登陆。他和他的 140 名士兵还将意大利和德国战俘穿越地中海送到北非的集中营。临终前，我父亲讲述了在登陆意大利国土后，他的廓尔喀士兵如何深入敌人后方，杀死意大利士兵，并割掉他们的耳朵。他说，廓尔喀人会按照带回船上的耳朵数量获得报酬，这确实是一种可怕的硬通货。

作为一名信奉基督教的南方人，我父亲由家人抚养长大，他很关心生命的尊严——所有人的生命，包括他的“敌人”的生命。然而，在他的指挥下发生的一些事情，违背了作为他教养的一部分的基本的正直品行。在他去世前几天，他向我们讲述了一场发生在西西里行动中的友军之间的交火事件，让他们颜面尽失。当时，一艘指挥舰得到消息说，该地区出现了不明身份的飞机。此时，我父亲的部下们既焦虑不安又筋疲力尽，以致错把盟军的战机当成了轴心国一方的战机。所有在该地区的盟军海军舰艇都开始向盟军飞机开火——显然，这些飞机没有能够表示自身友军身份的编码。我父亲不相信这些飞机是敌机，他试图阻止这些痛快地猛扣扳机的部下，但没有奏效。在这次悲剧中，共有 164 名盟军士兵阵亡，383 人受伤。

当父亲讲这些事情时，我意识到他在战争期间以及随后的几十年里经受了巨大的道德痛苦。道德痛苦是一种情结，我的朋友兼同事、约翰霍普金斯大学（Johns Hopkins University）临床伦理学和护理学讲席教授辛达·拉什顿（Cynda Rushton）博士将其定义为“面对道德伤害、错误或失败时所经历的不幸或痛苦”。“我们遭受道德上的痛苦，因为我们正直，有良心；当正直和良知受到他人或我们自己的侵犯时，我们就会感到痛苦。”

令人遗憾的是，我父亲在他的一生中从未摆脱这种痛苦。他曾光荣服役，在困难的环境下努力按自己的价值观生活。只有到了弥留之际，他才表达出这种隐藏在自己心中的痛苦和羞愧。这是一种可怕的燃料，曾在暗中助燃他作为一个中年人的沮丧和绝望。

正直是我父亲珍视的一种价值观，它包括诚实和坚守道德及伦理原则。《牛津英语词典》将其定义为“完整而不可分割的状态”。当正直的价值观受到损害时，我们就会感到内心分裂，与自己的价值观相背离。我相信，我的父亲就是这样的。

如果我们能站在正直品行的高高山脊上，保持言行与价值观一致，就能避免伤害。然而，当我们不能以一种与自我内心深处的价值观相一致的方式行事时，就会在道德痛苦的边缘坠落。在那里，无用、恐惧、愤怒和厌恶的感觉就会让我们陷入病态——无论是在情绪、身体还是精神上。

听着父亲临终前所讲的故事，我和妹妹对他长期以来所遭受的无声的折磨有了更深刻的理解。他因为临近死亡而不再自我抑制，故而激活了他深层次的心理活动。而且，尽管他的披露带有感情色彩，但他似乎并不害怕即将到来的死亡。与我们分享他的良知在战争中所经历的冲击，成为他生命完成过程的一部分。我觉得他是在试图教我们一些关于人类价值观的东西，包括勇气、尊严和克制（克制了他自己和他部下的枪手们）。

在这些分享时光结束后，经过一段时间的身体挣扎，我们的父亲飘零到那个宁静的地方去了。我和妹妹见证了他的痛苦，继承了他的真知，这让他走时能够释怀、放下。最后，他毫无愧疚地离世了，这是上天赐予我们的礼物。

站在正直的边缘

我不是一名道德哲学家。即便如此，探究正直和道德的本质一直是我修行和生活中的重要内容。作为人类学家，我在工作中发现有许多不同的道德坐标系，孰对孰错的观念会因文化而异，甚至因人而异。然而，佛教给了我一种理解正直这一品行的新方法——一种透过痛苦的棱镜看问题的方法。当我们给他人或自己带来痛苦时，正直品行就受损了。当我们减轻了他人的痛苦时，正直品行就得到了肯定。

拥有正直品行，就是有意识地恪守那些强有力的道德和伦理原则。“道德”和“伦理”这两个词有不同的定义。不过，在对正直的探索中，道德将涉及我们与尊严、荣誉、尊重和关怀有关的个人价值观。伦理则将指向那些指导社会和机构，并且我们要为其承担起责任的一系列有益的和建设性的原则。

价值观反映在人格中，它会肯定或摧毁我们的正直品行。如果不正直，自由就会受到损害。我已经看到，正直可能有一个脆弱的边缘——也许比其他边缘状态更加脆弱。我的意思是，我们如果要证实或展现正直这一品行，那么往往需要经历道德上的痛苦，会感到受压迫，可能会滑倒，或者会滑过边缘坠入痛苦的深渊。这就是我分享的大多数关于正直的故事都包含着痛苦的元素的原因。这些故事强调道德敏感性（即我们发现道德冲突和困境的能力），以及道德洞察力（即我们评估哪些行为在道德上是正当的能力）。它们还包括充沛的道德勇气，这是作家琼·狄迪恩（Joan Didion）使用的一个术语，用来描述一个站在伤害深渊之上，拥有无可争议的美德的人。

道德勇气与彻底的现实主义

民权运动领袖范妮·卢·哈默（Fannie Lou Hamer）的一生，有力而深刻地说明了正直是如何表现为一种边缘状态的，以及对于帮助我们在正直的边缘茁壮成长，勇气、智慧和同情心所能发挥的作用。我很幸运地在 1964 年的密西西比自由之夏投票登记行动中，知道了范妮·卢·哈默这个人。我们都是学生非暴力协调委员会（Student Nonviolent Coordinating Committee，SNCC）的成员。1965年，物理学家大卫·芬克尔斯坦（David Finkelstein）和我在纽约市为SNCC组织了一场募捐活动，我们请范妮·卢·哈默为这次集会做主旨演讲。

那天晚上，在格林尼治村，我们都围在这位令人尊敬的演讲者身边，聆听她对种族公正的愿景，聆听她充满力量的歌声。她还分享了自己的人生故事。她出生于1917年，是佃农的女儿，在家里的20个孩子中，她是最小的一个。从六岁起，她就在一个种植园里摘棉花。她告诉我们，到13岁时，她每天能摘二三百磅棉花。生活很艰难，他们经常挨饿。后来，她结婚了，虽然她和丈夫没有自己的孩子，但他们抚养了两个来自贫困家庭的孩子。1961年，时年44岁的她接受了切除肿瘤的手术。白人医生在未经她同意的情况下为她做了绝育手术——这是密西西比州一项非常严苛的计划的一部分，该计划旨在减少该州贫困黑人的数量。

1962年，不顾农场主的命令，范妮·卢·哈默登记参加投票，结果是失去了作为佃农的工作。这之后，她开始与SNCC合作，专注于选民登记和识字率的问题。她有句名言："我想如果我有理智，可能就会有点害怕——但害怕又有什么用呢？他们唯一能做的事情就是杀了我，但从我记事起，他们似乎就一直在试图这么做。"她于1963年因一项虚假指控入狱，这之后，她会讲起当年自己被狱友和警察用包了皮的棍棒殴打，险些丢了性命的故事。那次受伤本来很可能会让她丧命，但反而激发了她的决心，引发了她基于道德原则的义愤。

在听她讲这些经历时，我惊呆了。显然，她强烈的正直品行、她的道德勇气和她的信仰不仅让她战胜了自己所遭遇的挑战，也让她的行为与信念始终保持一致。虽然她没有这么说，但我相信她经历了不少道德上的痛苦——当目睹自己的乡亲在南方农村遭受蔑视、殴打和杀害，处于她这种位置，谁会没有这种人溺己溺之感呢？

尽管范妮·卢·哈默自己也遭受过可怕的虐待，但她从未放弃。事实上，她用自己的苦难为众人争取到了福祉，尽管她的生命受到威胁，但她还是勇敢地与互相对立种族双方的人民共同努力。在格林尼治村演讲的那个夜晚，她强调，她将民权运动视为一条精神道路，从而保持了自己信念的生命力。我清楚地听到她大声说："站出来……这是一种强烈的现实主义与再人性化和道德想象力相结合的不懈实践。"她已经成为我的榜样，成为我生命中最有影响力的人之一。我时常回想起她那巨大的勇气和正直品行。

社会活动家、历史学家、SNCC 顾问霍华德·津恩（Howard Zinn）博士是范妮·卢·哈默的同道。在如此多的不确定性和愤怒中，他对范妮·卢·哈默的道德权威以及她的力量给予了极大的尊重。我相信他在写作时受到了她精神的影响：

> 在困难时期抱有希望不仅仅是愚蠢的浪漫。它基于这样一个事实——人类历史不仅是一部残酷的历史，还是一部充满同情、牺牲、勇气和善良的历史。
>
> 在这复杂的历史中，我们选择重点强调什么将决定我们的生活。如果我们只看到最坏的情况，它就会摧毁我们做事的能力。如果我们能记住那些人们有过出色表现的时代和地方（这还是很多的），就能赋予我们行动的能量，至少有可能把我们的世界，这个旋转着的陀螺推向另一个方向。
>
> 如果我们真的采取行动，那么无论是多么微小的行动，我们都不需要等待一些宏大的乌托邦式的未来。未来是由连绵不尽的当下时刻构成的，按照我们心目中适合人类的生活方式活在当下，无视我们周围的一切坏事，这本身就是一个了不起的胜利。

范妮·卢·哈默的一生是真正的胜利，是体现道德勇气、正直品行和彻底的现实主义的令人敬畏的强大榜样。

生而然诺

我们正直品行的核心是生而然诺，是我们被自己最深层的价值观所指引的能力，是有良知并与真实的自己保持联系。生而然诺也表明了我们的道德敏感性，我们有能力在与他人的互动中，在我们工作的组织中，识别出那些与道德相符的特征，并有洞察力和勇气来处理有关伤害的问题。

正直可以通过那些大作为体现出来，就像范妮・卢・哈默的人生壮举一样，正直也可以通过我们普通人的日常决策体现出来。比如，告诉收银员给我们多找了零钱；为被欺负的穆斯林女性打抱不平；要求你的那位信奉种族主义的叔叔，不要在孩子们面前发表他的种族主义观点。

我们可能会害怕表明立场，因此会选择忽视这些情况。当发生违法情况时，我们可能会否认或有意忽视他人所遭受的伤害。我们可能对道德漠不关心，或者生活在特权的泡沫中。然而，如果我们不被这些防御心理所困，就会挺身而出面对伤害，并下定决心去结束这样的痛苦。

能让我们保持正直的是我们的道德勇气，是坚持善良原则的勇气；也是我们的道德敏感性。我们既需要坚强的脊梁，也需要温柔的胸怀，还需要平静而慈悲地生活，能让我们与自己的价值观保持一致。如果我们的观点与潮流相悖，那么我们还需要有一颗足够宽广的心去接受拒绝、批评、诋毁、愤怒和指责。我们甚至可能会因为坚持原则而失去生命。你叔叔可能再也不会和你说话了；你因保护了一位穆斯林女性，你的房子可能会被打上记号；或者更糟……但是，生而然诺就是这样的。

然而，许多人都对立誓有些反感。誓言就像是约束我们的规则。有些人天生就是要打破规则的人；有些人则认为誓言太过宗教化，而自己则是个彻头彻尾的世俗主义者；还有些人则根本不在乎。我们没有理由做出承诺或履行承诺。然而，我们生活在一个社会心理快速变化的时代，一个人们对无礼、说谎、暴力甚至那些更糟的东西习以为常的时代。重要的是，要记住，我们的誓言能帮助我们与内心深处的价值观保持一致，并提醒我们究竟是谁。

我们所立的誓言是我们对自己的价值观立下的规则，反映在我们的态度、思想，以及如何为人处世等方面。诺言和誓言从根本上讲，是关于我们如何与他人和自己相处，如何建立联结和提供服务，以及我们如何面对这个世界的。实践它们，体现它们，因为它们反映了我们的正直品行，帮助我们在面对内心的、人世间的风暴时保持镇定和意义感。

誓言可以严格地践行，如遵守十诫或佛教戒律；也可以是基于慈悲的、更灵活多变的、更情境化的；还可以基于一个非分裂的、非二元对立性的智慧观点。最重要的是，我们的誓言是比我们大多数人所意识到的更宏大的一道风景，能支持我们在生活中的正直品行，并能护佑我们的世界。

有些誓言是个人化的，是我们内心的承诺，是为了给我们的生命赋予人格力量，我们必须遵守这些誓言。例如，我母亲的服务生涯对我产生了很大的影响。当我还是个小孩子的时候，我就立誓：不抛弃那些弱势的人，永远致力于结束他人的痛苦。

还有一些誓言，是人们通过宗教教诲得到的。如“善待他人”等黄金法则，或是佛教的三条戒律——“不伤害、行善、为他人行善”，这些誓言都是我们与他人共享的，我们也借此屹立于所有生命的神圣之中。

也有一些实用性的戒律，能够帮助我们在这个世界上更好地生活。这是一些有助于培养文明和社会合作的习俗和规范，例如，尊重他人、友好地与他人交谈和谈论他人、感激生命这一珍贵的馈赠。

有些特别的誓言可以改变我们的自私自利之心。这些誓言要求我们严格要求自己，因为它们关注的是自我，与我们的破坏性情绪有关。规训自我的誓言告诉我们，自私是根本不切实际的。事实就是如此！我们大多数人都认同，贪婪、仇恨或被欺骗不符合任何人的最大利益。然而，我们不可避免地会有反复无常的时候。规训自我的誓言能帮助我们化解以自我为中心的心态，就像把粗盐溶解在大海里一样。

在善巧禅修中心，我们在每天早晨集中修行这一时段都会吟诵赎罪经，这是一种自我规训的誓言，提醒我们不要把对他人和自己所造成的伤害搁到一边。这段经文提醒我们要赎罪，它是这样说的："我所有那些久远而曲折的因果报应，从无始的贪婪到仇恨和妄想，都从身体、语言和思想中产生，现在我完全赎罪。""赎罪"（atonement）这个词很好。赎罪的意思是"合一"（at-onement），不是说要脱离我们整个生命的真相，而是在勇敢和诚实的和解行动中把破碎的碎片组合在一起。

最有力的誓言是指引我们以更崇高的人格生活的、立志成佛的誓言。这些誓言指引我们认识无常、相互依赖、无私和慈悲。对于佛教徒来说，这意味着皈依佛陀，佛陀是智慧和慈悲的化身。皈依意味着我们要修行"成佛"。我们也在佛法中寻求庇护，这是一种教导和价值观，引导我们不去伤害他人，而是去无私地服务他人，然后达到觉醒。这意味着我们要尽我们的最大能力来体现我们所接受的教导。最后，我们会求助于僧伽，那些正在觉醒的同伴，甚至是给我们带来麻烦的人，比如，当地的政客、长辈，或是无礼的雇主。这意味着我们能够看到，我们与任何生命存在或事物都没有分离，我们在随缘生活。

对于基督徒来说，这也可能意味着到主耶稣基督那里去寻求庇护，并把珍惜福报作为对爱和谦卑的实际体现。对一个土著人来说，这可能意味着寄身于大地和天空，尊重和珍惜所有的生物。不管誓言的来源是什么，我相信誓言都支持正直和道德品质生发的基本修行。因此，我经常对我的学生说："为什么不现在就开始修行成佛呢？"

我们该怎么做呢？一种方法是"明知山有虎，偏向虎山行"。我们可以去那个自己最害怕的地方，去检验我们的誓言和价值观之间的关系是否牢固。范妮·卢·哈默、马拉拉·优素福扎伊就是站在了正直品行的高危边缘，去面对因种族主义、性别歧视、环境破坏和世界上灾难性的经济不平等所造成的系统性痛苦的严峻现实。在极端的不确定中，这些妇女履行了她们的誓言，结束了苦难：

永远坚实誓言，不断实践誓言！她们的道德勇气和道德敏感性让她们以“强健于背而怀柔于胸”来面对苦难，这就是禅宗所说的“适当的回应”，这是由智慧来调和的勇气和正直。这就是我所相信的生而然诺。

从正直的边缘坠落：道德痛苦

道德痛苦是我们所经受的，与违反人类基本美德原则的行为有关的伤害。它至少表现为四种主要形式。当我们意识到道德问题并决定采取补救措施，但由于受到内部或外部的限制而无法采取行动时，就会遭遇道德困境（moral distress）。道德伤害（moral injury）是指，由于目睹或参与违反道德的行为而造成的心理创伤；这是一种有毒的、溃烂中的恐惧、内疚和羞耻的混合体。

比较而言，道德义愤（moral outrage）是对违反社会规范之人的义愤之情的外在表现；是一种包含愤怒和厌恶的反应，对不道德行为的道德义愤可以驱使我们采取行动，要求公正和问责。道德冷漠（moral apathy）发生在我们根本不在乎是否知道的时候，或者是当我们对造成伤害的情况予以否认的时候。

这四种形式的道德痛苦都在休·汤普森（Hugh Thompson Jr.）的故事中有所体现。汤普森是一名直升机飞行员和士兵，他和我父亲一样来自佐治亚州。1968 年 3 月 16 日，在越南南部，汤普森飞过美军肆意奸淫妇女、残害和杀害越南男女老幼的可怕现场，这就是后来人们所说的美莱村屠杀（My Lai Massacre）。汤普森和他的两名机组伙伴以令人难以置信的正直和勇气对此进行了干预，阻止了这些正在行凶的美国士兵，并警告说，如果他们再不停下来，就要用武器对付他们。汤普森随后亲自护送一些平民到了安全地带。目睹美军对无辜平民实施的这种失控的暴行，汤普森的道德义愤被点燃，这无疑给了他力量去挽救这些人的生命，并追究行凶者的责任。

美军在越南的总指挥官是威廉·C. 威斯特摩兰（William C. Westmoreland）。他祝贺这些美国作恶者的“杰出行动”，并写文章说他们“给了敌人沉重的打击”。但数年后，他在回忆录中这样描述那次事件：“对手无寸铁的婴儿、儿童、母亲和老人的故意屠杀，这就像一场残酷的、以慢速播放的噩梦的录像，这场噩梦持续了大半天，中间还有冷血的午餐休息时间。”

事件发生后不久，汤普森就收到一枚杰出飞行十字勋章，但他把它扔掉了。这份嘉奖赞扬了他“面对敌人炮火”的英勇行为，却忽略了所谓的“敌方炮火”其实是来自美军这一事实。汤普森确信，他的指挥官们是在试图收买他，让他保持沉默，这又是一次有违道德的行为。1969 年，他指证了那些下令屠杀平民的军官，但这些军官要么最终被赦免，要么被无罪释放。

多年来，汤普森因在美莱调查和审判中所扮演的角色而饱受来自美国军方、政府人士和公众的诋毁。尽管他表现得很英勇，但这次大屠杀本身及随后有关方面的掩盖行为给他带来了挥之不去的痛苦。汤普森深受精神创伤之苦，创伤后应激障碍、离婚、严重噩梦和酗酒都困扰着他。他去世时只有 62 岁。

当汤普森意识到必须违抗上级命令才能保持自己的正直品行、挽救平民的生命时，他感到了道德痛苦。他的道德义愤促使他去做正确的事情，尽管所遭受的道德伤害影响了他大半生，而且很可能还助长了他的酗酒行为（这是一种涉及否认和麻木的疾病，因此在某种程度上意味着道德冷漠）。

不过，在生命的最后时刻，汤普森终于被公认为一名英雄。他和他的机组成员们被公开授予士兵勋章，以表彰他们在这种情况下所表现出的难能可贵的勇气。

我从我的一个曾担任过海豹突击队队员的学生那里知道了休·汤普森，他曾参加过汤普森关于军队伦理规范的演讲。在演讲中，汤普森告诉观众，在获得士兵勋章 10 天后，也就是大屠杀 30 年后，他回到了美莱村。在美莱村，汤普森遇到了一名在大屠杀中幸存下来的越南妇女。她说，她曾祈祷向他们开枪的士兵能和汤普森一起回来，这样他们就能得到原谅。毫无疑问，当这个女人看到她的乡亲们被奸淫、折磨和杀害时，她也受到了道德伤害。只不过，她能够将这种伤害转化为宽恕。

了解大屠杀的肇事者们此后是如何度日的，会对我们有所启发。除非他们在道德上麻木不仁，否则他们一定也会为此感到痛苦。2010年，一名参与制造了这场灾难的美军班长说，他之所以这么做，是因为他害怕被处决。“如果已经进入了战斗状态，我就不会说，‘不，我不去。我不会那么做的。我拒绝那个命令。’我要是真这么说了，他们就一定会把我顶在墙上枪毙。”

这位班长的担心也许是有充分根据的，那些陷入这种“不是杀人就是被杀”情形中的人值得我们同情。然而，站在正直品行高地上的是休·汤普森；他所遭受的道德伤害和对此产生的愤怒，使他有勇气和力量在面对丧失天良的行径时采取行动。

道德困境

在我从事临终关怀工作的数十年里，许多临床医生向我吐露过，当延长病人生命所带来的负担超过其益处时，他们就会面临道德困境。有些医生被要求为某位生命只剩下几天时间的病人进行心肺复苏，这不但令人痛苦，而且又常常徒劳无功。曾有一位临床医生告诉我，有一家医院只因血液供应不足而拒绝给病人输血。许多人都表示，他们曾与团队成员就医疗干预的真正作用进行过争论，但由于医院的规定或患者的期望，他们无法寻求最佳途径。有些人会因为精疲力竭而陷入道德冷漠，失去了关爱他人的能力。

几十年来，我的经历主要是围绕着与临床医生们的合作，他们中的一些人每天都会遭受道德痛苦。几年前，我和一位同事被要求为一组在心脏重症监护病房（CICU）工作的护士提供咨询。这个团队士气低落，濒临散伙。九个月来，他们一直在照顾心脏移植病人罗伊。因为捐赠者的心脏原来就有缺陷，所以罗伊的健康状况急剧恶化。

罗伊和他的妻子感到绝望，愿意为延长他的生命而付出一切努力，这是可以理解的。为他治疗的心脏外科医生描绘了一幅乐观的画面，暗示他推荐的治疗措施会对罗伊有帮助。

然而，事与愿违。在这几个月里，罗伊遭受了截肢带来的诸多痛苦，包括坏疽、褥疮、频繁清洗和更换伤口敷料、肺炎复发、抗药性感染，以及对机械通气的依赖。罗伊的痛苦变得无法控制，他陷入无言的绝望中。

护士们都说，当他们试图照料罗伊的身体和精神创伤时，她们自己也变得越来越痛苦。有几个人告诉我们，她们在进入罗伊的病房时会感到无法忍受，因为她们觉得照顾病人给自己带来了更多痛苦。有一位护士向我透露，为罗伊处理坏疽和闻到腐臭的气味，会让她在离开他的房间后呕吐不止。还有一些护士们继续履行她们的职责，但罗伊所遭受的痛苦让她们胆寒。有些人说，她们已经对此感到麻木了，是在像木头人一样工作。至于罗伊，则陷入了黑暗的沉默中。在痛苦中挣扎了几个月之后，罗伊在重症监护室里去世了，照顾他的护士们在这期间也陪着他经历了越来越多的道德困境。

听了这些护士的反映，我想起希波克拉底提出的医学的三个目标："治愈、减轻痛苦、拒绝治疗那些已经被疾病压垮的人。"这些经验丰富的护士认为，罗伊确实已经被他的疾病压垮了，她们按照要求为他提供的护理不仅无效，而且似乎还对他有害。更糟的是，主治医生似乎忽视了她们的担忧，因此她们觉得自己被病人和医院的治疗规定压垮了。

有些护士会为自己逃避病人的行为感到内疚和羞愧；有些护士则完全关闭了自己的情感之门，表现出道德冷漠；还有些护士产生了道德义愤，指责外科医生们的行为已经近乎不道德。她们都在遭受道德困境。

在与我们的会面中，这些护士们问，在以不惜一切代价延长病人生命为目的的医疗政策之下，她们到底可以做些什么呢？她们还想知道，在这种情况下，如何才能摆脱这种想要抛弃病人的情绪反应，摆脱这种陷入道德冷漠或义愤的情绪反应？她们感到，在照顾这个病人的过程中，她们的正直品行受到了严重的伤害，她们违反了自己的价值观和富有同情心地照护这一原则。此外，她们已经丧失了道德勇气，问我们如何才能恢复自尊和正直的品行。

我们听了她们的倾诉，同时也支持她们互相倾听。我们与她们分享了如何重新建构自己的体验，还探索了其他方案。然后，我们建议她们探索宽恕之道：自我宽恕、彼此宽恕、宽恕那位主治医生，以及宽恕这家医院。

这个故事并没有随着我们咨询的结束而结束。在接下来的两年多的时间里，我的同事继续与这个团队合作，帮助她们培养道德恢复力。该团队尝试进行冥想修习，以增强在高度压力情境下的精神韧性、镇定性和洞察力。该团队还检视了她们的个人价值观，以及针对她们所在医院的指导原则。她们发现，她们自己的原则并不总是与机构的期望相一致。她们还探索了道德剩余（moral remainder）的概念，即在一个人发生了违反自己正直观念的行为之后，这种痛苦的情感残留仍然存在，并且困扰着他。护士们开始意识到，道德剩余是大多数道德困境很可能带来的后果，接受道德剩余是一个人建立起精神韧性的重要内容。

然而，对于这个团队的工作人员来说，这个过程不仅仅是一个愈合的过程。学会在道德上保持弹性，使她们获得了授权。这个小组主动改变了治疗政策，使正处于衰竭中的心脏病患者能够得到适当的姑息治疗。在撰写本文时，团队中的大多数人还继续在这个心脏重症监护病房一起工作着。

道德伤害之痛

道德痛苦可能是短暂的，而道德伤害则需要很长时间才能愈合，如果说它真的曾愈合过的话。道德伤害是一种复杂的精神和社会创伤，是由于我们目睹或参与了那些违反我们正直品行的不正当行为而造成的。由于显而易见的原因，军人经常受此影响。就像那位美莱村屠杀中的美军班长一样，许多士兵觉得自己没有能力在与制度要求相悖的情况下坚持自己的信仰和价值观。在这种情况下，我们正直品行的大厦可能倒塌，我们可能会听从自认为是错误的命令，也可能无法去干预严重的伤害行为——尽管良知要求我们这样做。

“道德伤害”一词不仅指所受的创伤，还指其造成的长期心理伤害。遭受创伤的人会被可能将持续一生的失调感所困扰，这包括抑郁、羞耻、内疚、退缩和自我厌恶。与道德伤害相关的情感也会引发愤怒和厌恶，这会助长与道德冷漠有关的道德义愤和成瘾行为。

异化是道德伤害的另一个标志。当那些从战场下来的人重返平民生活时，他们会感到与同龄人、朋友和家人失去了联系。因为大多数平民不知道在军队服役是一种什么感觉，也很难理解退伍军人的感受，他们害怕因为那些自己被迫做出的事情而受到负面看待。如果他们的一些行为根据道德评价准则是模棱两可的或是明显违背道德的，那么他们也可能害怕被称赞为英雄。

当然，道德伤害不仅仅发生在军人身上，以下行为也会导致道德伤害：当一名政客为了赢得选票而说谎，并意识到这伤害了自己的正直品行；当一名油气公司的雇员，因为参与了破坏环境的行为而垂头丧气；当教育工作者因不惜一切代价推动学生通过考试而伤害到他们，并因此感到内疚……就连那些试图阻止这种伤害的人，也会仅仅因为目睹过这种伤害而引发同样的结果。我认为，我们需要认识到道德伤害在我们社会中存在的程度，这样我们才能更好地应对。

2001 年 11 月 6 日晚，特里·克拉克（Terry Clark）在新墨西哥州的监狱里被以注射方式处死，那时我就经历了道德伤害。死刑，这种以杀戮作为对杀戮的惩罚，是一种会对案件所涉及的诸多人员造成道德伤害的做法，即使是那些试图阻止这种行为的人也难以幸免。我对这种做法感到不安。而且，这种做法至今仍在美国的 31 个州[①]中保留着，它会一直影响我的生活。

1986 年初，特里·克拉克因为绑架并强奸了一名六岁女孩而被执行死刑。那年夏天，他在保外期间又强奸并杀害了一名九岁女孩，几天后他承认了自己的罪行。尽管新墨西哥州自 1960 年以来从未处决过一名囚犯，但陪审团还是判处

① 截至 2019 年 7 月，美国有 29 个州保留死刑。——译者注

克拉克死刑。

在被监禁期间，克拉克一直上诉，直到 1999 年他才放弃了进一步上诉，开始等待死亡来临。当时我是一个团队的成员，这个团队试图说服克拉克改变他的决定，恢复上诉程序，这样他就不会被执行死刑。显然，我们没有成功。

克拉克似乎被拷打过。我和一位同事会坐在牢房外面的水泥地板上，隔着一扇森严的铁门，通过铁门上的一个小小送饭口和他交谈。他说话声音很小，他的房间里总是烟气缭绕。

在他将被处决的那个夜晚，我的大约 50 名学生和朋友聚集在圣菲附近一条乡村公路旁的围栏外。为了表示抗议，我们在寒冷漆黑的夜晚静静地坐在光秃秃的地上。我们并不孤单。在我们附近，遇害女孩的家人和邻居们正在高喊："杀了他！杀了他！"过了一会儿，也许是受了我们平静氛围的影响，他们也变得更平静了，开始唱"耶稣爱我，这我知道"。我们都在等待着。

到了晚上七点半，一位狱警出来告诉我们说，特里·克拉克已经被处死了。我们这群人陷入了更深的沉默。我感到非常难受。当我听到那些支持处死他的人欢呼时，我就更难受了。我知道克拉克犯下了一系列可怕的罪行。尽管如此，我还是无法接受以杀戮作为对谋杀者惩罚的方式。佛陀教导非暴力，致力于改造杀人犯，而不是惩罚他们。按照佛陀的教导，大多数佛教徒认为死刑是不道德的，以暴制暴对任何人来说都是有罪的。我们大多数人也反对"正当杀人"（justifiable homicide）这个概念，因为它是为了使不正当杀人（即谋杀）正常化。

由于新墨西哥州惩教署已有 40 多年没有执行过死刑了，因此他们并没有为执行死刑做好准备，只好从得克萨斯州引进了一支行刑队。监狱里的许多工作人员私下里对我说，他们对在自己的监管范围内执行死刑感到道德上的担忧。

有人告诉我，在接受死刑的那天，克拉克感到非常害怕，工作人员给他注射了镇静剂。在行刑过程中，当克拉克惊恐地盯着行刑间里的一名心理学家的眼睛时，他哭了。我那些曾和特里·克拉克一起待在行刑间里的同事们被永远地改变了，最终离开了惩教部门。

我们并没有经常听到他们的故事，但是许多行刑团队的成员遭受了长期的痛苦。艾伦·奥尔特（Allen Ault）博士在接受《卫报》(*The Guardian*）采访时表示："当我第一次按下开关时，我意识到自己刚刚杀了一个人，这真是太伤人了。"20 世纪 90 年代中期，时任佐治亚州惩教署（Georgia Department of Corrections）专员的奥尔特下令用电椅执行了五次死刑。他说："我不得不一遍又一遍地做这样的事，直到我完全无法忍受。"

这种有计划的杀戮让奥尔特觉得自己被贬低到了"比最卑鄙的人还卑鄙"的水平。在执行了第五次死刑后，奥尔特太痛苦了，只好辞职。直到今天，他仍然感到那些被他杀害的人阴魂不散。"我不记得他们的名字，但我仍然会在噩梦中看到他们。"他说。

他的几名团队成员寻求医治他们自己的创伤。奥尔特说，据他所知有三个人在参与了执行死刑就自杀了——他们无法整合自己的道德剩余和道德伤害，结果只能是自我毁灭。

当道德剩余让我们难以入眠，让恶魔充斥我们的噩梦时，我们就会受伤害。奥尔特辞职了；那几个人也结束了自己的生命。身体上的痛苦告诉我们，我们的身体已经出了问题；道德上的痛苦告诉我们，我们的正直品行受到了侵犯；而这些信息可以帮助我们，把我们的行为重新引导到与我们的价值观一致的方向。就像奥尔特和我那些已经离开惩教部门的同事们一样，我们可以让自己摆脱困境，同时努力改变系统的体制性暴力。

道德义愤与厌恶的"黏性"

接下来，我们讨论道德义愤。在 20 世纪 60 年代的一个夏夜，我走出纽约市的住处，恰好看到一个男人正对着一个女人大喊大叫。突然，这个男人从他旁边的汽车上扯下一根无线电天线，抽打那个女人。我不假思索地冲上去，挡在他们中间，大声叫他停下来。出于道德义愤，我没有顾及自己的安全。一个男人虐待女人的场景让我很愤怒，我也做出了相应的反应。

道德义愤被定义为，一种与感知到的道德侵犯有关的愤怒和厌恶的反应。在上述这个街头场景中，我不仅看到了身体暴力，还看到了性别暴力。50年过去了，遭遇这种暴力场景所带来的那种体验，仍然存在于我的身体记忆中。那是一种愤怒和厌恶带来的震惊，没有什么能阻止我冲到他们两人之间。

我站在那里，心怦怦直跳，那个女人连忙向我道谢，然后逃离了现场。那个男人把天线扔到街上，对我吼了一声，然后走开了。现在回想起来，我很确定的是，当我试图阻止暴力的时候，我并不是出于自私的动机；我站出来不是为了得到别人的认可，也不是为了提高自己的形象。我没有时间以自我为中心思考——我简直无法不介入这可怕的一幕。真正激发我行动的，是迅速而深刻的道德义愤和同情心的迸发。

多年来，我目睹了道德义愤以健康和不健康的形式表现在政治、行动主义、新闻、医学，以及我自己的经历中。我试着向表层之下发掘，发现道德上的义愤就像病态的利他主义一样，有时可以反映出一种未被承认的需要——想被视为一个“好人”。我们可能相信，高尚的道德姿态会让我们在别人眼中显得更值得信任和尊敬。正义的愤怒可以给我们很多自我满足，也可以减轻我们对自己罪责的愧疚：“我们是对的，其他人是错的；我们道德高尚，而其他人道德败坏。”

社会评论家丽贝卡·索尔尼特（Rebecca Solnit）在《卫报》发表的文章《我们可以成为英雄：选举年的一封信》（*We Could Be Heroes: a Election- Year Letter*）中，进一步揭示了道德义愤自私的一面。她指出，一些极左分子经常陷入“娱乐式的痛苦”（recreational bitterness），把道德上的义愤变成一种竞技运动，把完美变成善良的敌人，对进步、改善，甚至是彻底的胜利进行指责。索尔尼特指出，这一立场不会推动任何事业，反而破坏了团结的大厦。最终，我很想知道，通过扩大自由派和极左派之间的分歧，娱乐式的痛苦对 2016 年美国大选结果究竟有多大影响。

娱乐式的痛苦和其他形式的道德义愤可能会传染、让人上瘾，并让人失去镇定，从而使人陷入病态。哪怕是小剂量的娱乐式痛苦也能让我们兴奋起来。沾上它，我们就会陷入困境，而这正是我们的对手想要的。当我们生气和情绪过度激动时，我们就会失去平衡和看清事物的能力，也会很容易滑过边缘，坠入道德痛苦之中。

然而，许多人觉得，如果不追究他人造成的伤害，就违背了自己的正直品行。面对违反道德的行为，既不能袖手旁观，也不能通过否认来保护自己。为了保持正直品行，必须对权力说真话。这就是我所说的有原则的道德义愤。

有原则的道德义愤涉及其他边缘状态的一些元素：利他主义、共情、正直和尊重。1981 年，我和神经学家弗朗西斯科·瓦雷拉（Francisco Varela）、普林斯顿高等研究所所长哈利·伍尔夫（Harry Woolf）一起参观了一个灵长类动物实验室。这座位于地下室的实验室里有几十个小笼子，里面关着恒河猴。哈利和我走近一个笼子。我们看到猴子的头骨顶部被锯掉了，大脑暴露出来。有些电极与这只猴子的大脑直接相连。这只可怜的猴子被铐住了，动弹不得，眼中充满了痛苦和恐惧。哈利在我身边，在那只猴子面前，瘫下来跪在地板上。他似乎是在请求宽恕。我颤抖着站起来，凝视着猴子的眼睛。我感受到了他的痛苦，并对这个小家伙动了恻隐之心。

后来，我告诉弗朗西斯科，我认为做这样的研究完全不道德。在神经科学的研究过程中，动物常常被当作牺牲品。面对那只猴子，我感受到的不仅仅是道德上的愤怒——我心中有什么东西破裂了。我决定以我的愤怒和厌恶为方式，更深入地致力于结束实验动物的痛苦。我决心持续关注实验动物问题。弗朗西斯科在那之后不久，也放弃了动物实验。我不知道哈利后来怎么样了，此后不久我就和他失去了联系。然而，我没有和那只猴子失去联系——在接下来的近 40 年中，它一直住在我的脑中。

我对那只猴子产生了深切的同情。当我站在那间实验室里，情绪很复杂，其中包含一种既痛苦又厌恶的感觉——厌恶人类对其他有情众生所表现出的残忍。道德义愤的一个重要特征是，它反映的是当认为某种行为违反道德时所产生的反感情绪。社会心理学家们研究了厌恶对道德洞察力的影响。有项研究发现，当陪审团成员在模拟审判中接触到一种令人作呕的气味时，他们会对被告做出更严厉的判决。厌恶似乎放大了他们对道德义愤的体验，导致他们做出更严厉的判决。另一项研究则发现，趋向于强烈厌恶感的人会发现自己圈子里的人更有吸引力，并且对圈子外的人抱有更消极的态度。这可能是道德义愤如此两极分化的一个原因——它扩大了我们自己和他人之间的鸿沟。

在内心里，我们对自己的道德义愤可能会产生矛盾的反应。愤怒可能激发攻击性，而厌恶可能导致退缩——这意味着躲在我们的内部群体中，回避外部群体并对其进行物化。伦理学家、法学家玛莎·娜斯鲍姆（Martha Nussbaum）用“厌恶的政治”（the politics of disgust）一词来批评那些基于厌恶而歧视 LGBT（同性恋、双性恋和变性者）群体的法律，如禁止同性婚姻和反变性人的“厕所法案”。她指出，这种政治支持偏执、不宽容和压迫。

正如伦理学家辛达·拉什顿博士所写的那样：“道德义愤可以成为凝聚一群人的黏合剂，让他们团结起来，一起反对那些威胁到他们的个人或职业身份、价值观、信仰或正直品行的人。道德上的愤怒可能会传染，如果未经审查，可能会加剧分歧并助长分离，而不是联系和合作。”

多年来，在与各种各样的社会利益群体打交道的过程中，我认识到，我们的个人好恶很容易使我们倾向于以某种方式对各种道德事件做出反应。当我觉得必须公开表达对自己所参与组织的管理不善问题的担忧时，我感到很纠结。我是这个组织 CEO 的老朋友，我很关心他。在我直接向他表达了我的担忧后，这样的弊端仍在持续。最后，我觉得自己在道德上有义务直接向董事会报告我对这位

CEO以不当方式处理员工、项目和资金的担忧。我知道因我对这位CEO有好感，所以未能及时表明立场，但最终我觉得别无选择。我对这种情况感到厌恶，对自己没有直接把自己的感受说出来感到失望。

理性思考当然起着重要的作用，但往往是次要的。哈佛大学的心理学教授乔书亚·格林（Joshua Greene）说："使道德思考成为道德思考的，是它在社会中发挥的作用，而不是大脑中发生的生理过程。"最终促使我向董事会坦诚自己担忧的是我的良知，而不是我的概念性思维。

一位牧师写了一篇反映他的工作场所存在问题的文章，认为对年轻人来说这里无异于监狱。"当看懂这个体系中的'关怀'究竟是怎么一回事时，我感到自己受到了伤害——我发现，这样说实在令人尴尬。为何这个体系从一开始建立就是暴力的，并且会激发暴力？看到年轻人遭受这样的痛苦，我感到心烦、沮丧、愤怒和深深的羞愧。"这位牧师正遭受着共情痛苦、道德上的愤怒和内疚。

在某种程度上，愤怒是对违反道德行为的合理回应，如在实验室里虐待猴子或在监狱里忽视年轻人。不过，即使是不那么严重的道德问题，如对一个机构实施不当管理，也会引起我们的愤怒、厌恶和有原则的道德义愤。当道德义愤只是偶尔发生并且有节制时，它可以成为对道德行为的一个有用的推动因素。世界上有很多事情能引发我们义愤填膺，愤怒能给予我们力量去面对不公正。强烈的情绪能帮助我们认识到不道德的情况，并激励我们进行干预，表明立场，甚至冒着生命危险去造福他人。

然而，当道德义愤是自私的、长期的或不受节制的时候——当它成为我们看待世界的固定视角时，就会令人上瘾，让人陷入自我矛盾之中。羞辱、责备和自以为是也会把我们置于一种优越的权力地位，这种地位可以让我们在短期内感到满足，但从长期来看却会使我们与他人隔绝开来。持续的过度兴奋会对身体、思想和精神产生严重的影响——包括从溃疡到抑郁，以及两者之间的一切症状。它还会严重影响别人对我们的看法。在最后的分析中，我明白了道德上的义愤不仅会对我们自己，还会对我们的人际关系，甚至我们的社会，都产生有益或有害的后果。我们的洞察力，对我们意图的深刻认识，以及我们控制情绪的能力，决定了道德义愤能达到什么样的效果。

道德冷漠和心死

我们生活在一个充满极端性的直接暴力和系统性压迫的世界中，这导致我们常常有可能遭受道德痛苦。我们如何应对企业和政府的腐败、对妇女和儿童的虐待、难民危机、种族主义、经济不公、环境过度开发，以及无家可归等问题？这样的问题不胜枚举。为应对那些触犯道德的行为而需要采取的部分措施就是，我们要辨认进而转变那些使逃避痛苦变得习以为常的社会心理价值观和行为。

我想，我们务必不能让希望别人认为我们是“体面”人的内心需要所困。为了遵从内心最深处的价值观，我们通常需要冒着被拒绝的风险或是其他更严重的风险。作家萨拉·舒尔曼（Sarah Schulman）指出，太多的人不愿面对社会中的道德沦陷现象，而是选择了“精神上的绅士化”，我们的常识感和行为准则都被特权俘虏了。我们不想让别人不舒服，也不想让自己不舒服，我们厌恶冲突，于是我们回避了痛苦的现实——暴力系统因此变得更强大。舒尔曼写道：“揭示真相对高高在上的地位是极其危险的。在我们的社会中，特权阶层的幸福建立在永远不要开启问责进程这一基础之上。”

第四种形式的道德痛苦是道德冷漠，当我们否认、缺乏关心或故意装傻时，就有可能忽视他人的痛苦，或把自己与其隔离开来。詹姆斯·鲍德温（James Baldwin）在《记住这所房子》（*Remember This House*）中写道：“我对道德上的冷漠感到恐惧。心死的现象就发生在我的国家里。这些人欺骗自己太久了，他们真的不会把那些处于困顿之中的人当人看待。”

我在一个被人戏称为“白人小镇”的地方长大，那是佛罗里达州南部一个“有限制”的社区，犹太人和非裔美国人都不允许住在那里。我们的家庭和社区生活就像是在一团泡沫之中。“白人小镇”的对立面是“有色人小镇”，它也确实位于铁路的另一侧。

每个工作日，我父亲都会开着他的福特雷鸟汽车或林肯大陆汽车穿过铁轨，到“有色人小镇”那条不那么宏伟的大街去接莱拉。1946 年，也就是在我四岁那年，我生了一场重病，于是家里雇莱拉来帮忙。她来自巴哈马群岛，更早的祖先则来自非洲。她在我们家做管家和厨师，多年来，她在我们家成为一股充满爱的力量，影响着我们。

当莱拉第一次来到我们这里时，我并不知道我所在的珊瑚墙区（Coral Gable，“白人小镇”的真正名字），其实是一个排外的社区。就像鱼儿不知道自己是在水里游泳一样，我们的家庭也在种族主义、阶级主义、特权，以及只有“我们的宗教才是宗教”的信念中生活，我们对渗透在我们生活中的种族主义的现实状况一无所知——我们也可能是选择不去正视它。我们表现出最糟糕的冷漠——这种冷漠源于物化他人，否认自己一生下来就生活在特权的泡沫中。

当我的健康状况开始好转时，我会和父亲一起骑车去西椰林镇（West Coconut Grove，“有色人小镇”的真正名字）接莱拉。我仍然记得那里油炸食品的味道，货物不足的夫妻商店，破旧的汽车，很棒的音乐，还有温暖的街坊。在我看来，西椰林镇是另一个世界，完全不同于我们那在纯白人初中学校和乡村俱乐部中打高尔夫球、玩桥牌和斗牛的生活。我难以对这两个世界之间存在的巨大差异视而不见，但我并不完全相信自己生活在一个“更好的”世界里。

我不知道莱拉的工资是多少，但当我看到她和三个女儿的居所时，我知道那一定是一笔微薄的收入。她的公寓在一座“混凝土怪物”里面——这是人们给建在西椰林镇的那些可怜的小高层建筑起的绰号，将它们视为在城市重建中出现的某种误入歧途的建筑类型。居民们在这些满是霉菌、蟑螂出没的“混凝土怪物”中忍受着高温炙烤，我为那个住在其中，但对我如此友善、我也深爱着的人感到担心。

当莱拉告诉我她的祖母曾是一名奴隶时，我惊呆了。我所就读的梅里克示范学校（Merrick Demonstration School）没有向我们讲授关于奴隶制的知识，但我知道奴隶制是什么，那是一件非常糟糕的事情。尽管如此，我们在家里并没有谈论过奴隶制。我常听说的，是高尔夫、布朗尼童子军和商业交易。

莱拉和我似乎生活在两个不同的世界中。然而，我们的世界是交叉的。我的家庭所在的世界剥削了莱拉的世界，并且是通过“他者化”来证实自身的。莱拉自己也不知道，她以人道主义精神让我看到，是白人的特权保护着我们的家庭免受种族主义影响这一残酷现实。这造就了今天的我，也加深了我对道德冷漠如何继续毒害我们这个世界的认识。

还有其他冷漠的泡沫，其中一个便是隔绝的泡沫。几年前，我的一个在特种部队服役的学生写信给我说，他选择了隔绝，以逃避面对他作为一名士兵所遭受的来自道德伤害的痛苦。在给我的一封电子邮件中，他写道，作为一名退伍军人，他曾在隔绝的泡沫中寻求庇护，以抚平战争带来的创伤，但他的隔绝变成了冷漠：

> 我曾被那些当官的人驱赶上战场，他们还拖延着不愿结束战事。然而，我看到，战争只会产生受害者。到目前为止，美国还没有正式承认在伊拉克战争中死亡的平民的实际人数，也不会就战争对美国士兵及其家人造成的伤害做出充分的回应。从某种意义上说，我也是这样一个被他们视而不见的战争牺牲品。没办法，我只好隐退到山里独自疗伤。在独处的时候，冥想、阅读和反思佛法对我起了很大作用，但我没有团体或目标。最终，以与世隔绝来治愈创伤被证明是过犹不及之举，它变成了护身的铠甲而非医病的良药——我变得冷漠而安全。

这个人敢于走出他的冷漠，他参加了善巧禅修中心的佛教传教者培训项目，以探索如何为他人服务。他还需要接受很多治疗。当他谈到他所执行过的任务时，我看得出他深受战争的创伤。他的故事让我对什么是道德上的伤害、什么是遁入冷漠，有了更细致入微的理解。内疚、羞耻和自我厌恶是他道德伤害体验的组成部分，自我否认同样也是。最后，他重新获得了自己的勇气和慈悲心。对他治愈自我的意志，我唯有佩服。

詹姆斯·鲍德温找到了治愈冷漠的良方：“并不是你面对的每件事都能被改变，但如果不去面对，那么一切都不会改变。”我这位来自特种部队的学生参加了善巧禅修中心的佛教传教者培训项目，以此来摆脱他的保护性隔绝，直面他的痛苦。

通过参加 20 世纪 60 年代的民权运动，我以自己的方式抵抗住了道德冷漠的诱惑，因为它迫使我面对种族不平等的恐怖。这也让我知道，为了更好地理解苦难，我有必要走进各种各样的阴森恐怖、让人痛苦之地。在我 20 多岁时，我曾在新奥尔良的精神病医院当过义工，抗议过越南战争及后来的其他战争，曾与那些垂死的人待在一起，曾在监狱里教授冥想，曾在洛斯·阿拉莫斯（Los Alamos）美国国家实验室和奥斯威辛集中营见证纳粹的罪恶，这些可能都消融了我原生身份的特权冰甲。

格拉斯曼禅师把这样的历程称为“跳入水中”。通过“跳入水中”切身体会，我们可以改变自己——而且，在理想情况下，这还有助于我们改变那些带来危害的体系和文化。然而，要想“跳入水中”，如进入像叙利亚这样的国家，或是进入监狱或疾病肆虐的死亡之地，就需要意志、决心、恒心，还要有爱和智慧。这些环境正是道德品格养成的地方，也是真正的正直品行得以养成的地方。

正直和其他边缘状态

道德痛苦是一个生态系统，它可以助长所有边缘状态的毒副作用：病态的利他主义、共情痛苦、不尊重和倦怠。

在 2016 年夏天，善巧禅修中心的科绍·迪雷尔（Kosho Durel），以及曾为善巧禅修中心开发过一个针对无家可归者项目的约什·伯恩斯（Joshin Byrnes），与九名同仁在旧金山领导了一场街头静修，共有约 6700 人露宿街头。正如我所描述的那样，街头静修是由格拉斯曼禅师发起的，是为了让同仁们能够实际去体验无家可归者的生活，并更好地理解那些让人们遭受压迫的系统性力量。静修参与者们露宿街头，乞讨金钱和食物，在施粥处吃饭，与他们遇到的任何人散步和交谈，见证毒品交易、盗窃和饥饿，并体验他们在这种情况下的脆弱。大多数参与者都经历了道德痛苦，因为他们对社会的阶级歧视、种族歧视和道德冷漠有了更真切的了解。他们被迫去实践“不知道”和见证，并常常受到激发去采取慈悲的行动。

为了 2016 年的旧金山街头静修，科绍和约什早早就打探好了施粥处的位置，还在街上找好可以睡觉的安全场所。科绍写道，当走在田德隆区（Tenderloin District），他“被住在街上的人数、滥用毒品行为、垃圾和污染、摇摇欲坠的建筑，以及身体摇摇晃晃的人们震惊了”。

科绍和约什决定去由格莱德纪念教堂（Glide Memorial Church）经营的施粥处看看。格莱德纪念教堂是一座具有历史进步意义的卫理公会教堂，致力于种族、阶级和性少数群体（LGBTQ）的权利。这个施粥处并没达到他们的预期。科绍描述，这里的地下室自助餐厅有水泥地、金属家具和九米高的墙壁，“刷着一种本想美化但显得不干不净的淡蓝色，就像一个没有水的游泳池”。他写道，有 50 ~ 100 人正在按他们的餐券规定的时段吃饭；他们低着头静静地吃着，然后被推着往前走，这样下一拨人就可以吃了。

这样的经历让科绍和约什受到了明显的“震撼”，显然，他们可能经历了严重的共情痛苦和道德义愤。随后，他们前往位于市中心的联合国广场。“在那里，人们在喷泉边吸食可卡因，残疾人有的摇着轮椅走，有的停下来休息，患有精神疾病的残疾人漫无目的地游荡。其他人只是坐在水泥地上聊天。”

科绍注意到，广场上有根柱子上刻有联合国《世界人权宣言》序言中的一段话：“鉴于对人类家庭所有成员的固有尊严及其平等的和不移的权利的承认，乃是世界自由、正义与和平的基础，鉴于对人权的无视和蔑视已发展为野蛮暴行，这些暴行玷污了人类的良心……”

这段话与旧金山街道上的现实景象形成了鲜明对比，给了科绍当头一棒。“那些年轻的专业人士们，大多是男性，戴着耳机，耳机线连在智能手机上，当他们走过去的时候，对那些可怜人完全视而不见，我想，‘就是这样了，我们注定要完蛋了。这是个混乱的世界。这是如此、如此地令人悲伤。’这些科技公司的总部就在田德隆区对面，跨过铁道便是……我想这些年轻人的年薪高达六七位数。在南面，一个街区接着一个街区被重新开发，为特权阶层新建了公寓楼，这些楼宇贴着崭新的玻璃幕墙，采用了很多塑料、金属材料，表现出柔和的现代主义风格。田德隆区大街上的人们目睹了房价的飙升。要想在这个冷脸冷面的社区里得到一处栖身之所，人们必须每月支付1500美元，或是幸运地得到政府的援助，才能租到一套单身公寓。”

他接着说：“也许，你也能体会到一点我的道德义愤了。然而，在我精神世界的伦理领域中有一个誓言，那就是不怀怨恨或愤怒。对出现的所有感觉、想法和感情都兼收并取。我相信，如果让所有的体验——就像百货公司一样琳琅满目——都渗入我的内心深处，就将改变我。这是一项揭示和释放我的偏爱和偏见的工作。”

我知道这对科绍来说并不容易，其实对我们大多数人来说也不容易。他的话让我想起了一个痛苦的问题，这个问题在我十几岁时就已看得明明白白：是阶级和种族把我们分隔开了，并成了内心痛苦的根源。然而，特权与贫穷的世界是相互交织的，因为那些直接或间接享有特权的人会剥削穷人；那些收入较低的人往往要为那些有特权的人服务。在我看清了这样的事实后，我感到愤怒、厌恶、无助——但这也是一个转折点，让我认识到必须为那些受到结构性和体制性压迫的人们提供服务，并改变产生结构性暴力的信仰和体制。它还向我表明，我们都要对种族主义的丑恶真相及其带来的危害负责。然而，我不确定白人是否能抛弃自己的特权，因为不管白人是否想要，社会总是无意识地给予白人这样的特权。当然，白人可以学习如何利用它来帮助那些没有那么幸运的人，还要当心不要陷入极易发生的病态的利他主义。

我相信科绍也有类似的感受。他告诉我："你看，我有这样一个阶层观念的扳机，一扣下来，我就想不停地开火。这是一种愤怒的表现，而我在 30 年人生经历中所看到的那些事情，以及我看待这些问题的方法，又强化了这种愤怒。也许是恐惧使我的视野变窄了。把每件事都看成'我们对他们'的，把这当成一种应对痛苦和让自己感觉安全的方式，但其实只有在避免感受特权和压迫带来的痛苦时，才会产生对痛苦的理解。"

科绍发现，道德义愤的转化对改善现状于事无补。"有许多人怀着一种帮助和修复的冲动去参加街头静修，想成为受害者的救世主。"科绍意识到，人们倾向于使用病态的利他主义策略来减轻自己的道德义愤和共情痛苦。他写道："这些参与者可能会把自己向人讨来的准备买饭的钱，送给其他正在乞讨的人，这一下子就使帮助者和受助者的身份明确化了。因此，他们就会感到痛苦。我偶尔还会看到一些有着革命性愿望的参与者抨击那些年轻的专业人士，这是一种神奇的论调，在某种情况下我也会被吸引……当我在街上安家时，修复和战斗这两种行为模式都出现了。我会以不加思考的、下意识反应的方式来帮助陌生人，也会以同样的方式向陌生人寻衅——即使我不采取行动，也会在脑海中对他们划线。在人群中划线，让社区分裂，我的大脑和身体会串通一气，一直以来就是如此。我不认为非这样不可。"在这种情况之下，尊重成为一个重要因素："对原则和誓言的尊重，在这种情况下是基本的主导性力量；要尊重他人，不论是穷人还是特权阶层；要自尊，在这个充满忧虑的环境中，我们的自尊很容易崩溃。"

科绍解释说："在街头静修时，我们被鼓励暂停行动，先放下对事物对错的刻板看法，放下想要追根刨底的念头。在这一过程中会生发出巨大的机遇。一旦去掉了过失和责备的过滤器，我们就会看到事物本来的样子。因此，我觉得藏在愤怒之下的，是对疾病、老年和死亡之痛的悲伤，在这悲伤之下是一种普遍性的悲哀，而包含所有这些情感的，是对自己与他人之间联结的一种深刻感受——是一种万物归一的感受。这样一来，慈悲行为就产生了，它纯粹是出于与所有邻居为友的动机，无论他们是在经历着富裕还是贫穷，是在给予还是在接受。这是一种深刻的关系，是治愈彼此和我们自己的行为。”

从我们对道德痛苦的反应中，我们很容易伤害自己和那些我们希望为之服务的人。科绍认识到道德上的伤害和愤怒，通常来源于共情痛苦，可能会导致病态的利他主义。道德上的伤害和愤怒，会导致无意的不尊重和具有破坏性的行为。当我们觉得自己再也无法多帮助一个受苦的人时，也会让我们感到自己精疲力竭。科绍与无家可归者相处的明智方式让我们明白，当我们勇敢地坐在阴森恐怖之地内外的火堆上时，如何才能滋养出健康的边缘状态。

支持正直的修习

我们每天都要面对道德困境——有些确实令人困惑，有些则微不足道。我们如何才能在正直品行狭窄的边缘站稳而不坠落呢？当我们真的陷入道德痛苦的沼泽时，如何才能回到慈悲的岸上呢？一旦你的心碎了，良知就会从裂缝中漏出来，你最好不仅要深入自己的内心，还要深入那些遭受痛苦者的内心，以及那些伤害别人者的内心。我们就要这样来承认痛苦的真相，并致力于站在正直品行的边缘，在那里，我们既可以看到困难，也能看到尊严。

冥想修习：扩展我们的探究范围

冥想修习可以帮助我们学会警惕良知的越轨，并校准道德罗盘。当我们面临一个威胁到正直品行的道德问题时，通过身体告诉我们的信息来审视自己是大有裨益的。我们可以先吸气，然后呼气，让注意力进入身体。如果感到肩膀、胸部或肠道发紧，就应该注意到这些信息。身体往往比概念性思维更早地预知到我们正处于危险之中。

接下来，我们将注意力转移到内心，觉察意图，并关注此时此刻所产生的任何情绪。情绪会影响我们对道德困境的看法，所以我们要努力在不被情绪淹没的情况下注意自己的感受。正如诗人莱纳·马利亚·里尔克（Rainer Maria Rilke）在其诗作《向你所渴望的极限奔去》（*Go to the Limits of Your Longing*）中所说的："没有什么感觉是终极性的。"

通过转入自己的感觉，我们可以把注意力转移到任何正在产生的想法上。意识到我们此刻的想法，可能会帮助我们更自觉地认识到，我们正在如何总结提炼我们的体验。我们的看法、偏好和观察思考后形成的主张，常常会促使我们采取行动，而单纯由看法引发的行动可能不会发挥作用（格拉斯曼禅师总是说"这只是我的看法"）。因此，先让我们意识到自己是怎样想的——但也许不要急于下结论或行动太快。我们可以利用探究的过程来认识我们或反应或退缩的倾向，并在其促使我们采取不明智的行动之前来调节我们的感情。

一旦我们对自己的处境有了感觉，就可以探索扩展自我意识，以便纳入他人的体验，觉察他人的观点。栖息于他人的身体和心灵，通过他人的眼睛来观察情况，我们就可以问：这对他们有什么危险呢？

然后，我们就可以把探究范围扩大到正在发生着道德冲突的更广泛的背景上。我们必须深入研究各种正在助长冲突的制度。这个系统需要我们和其他人做些什么，才能实现一个建设性的结果？我们如何才能接受"不知道"，并从不确定中学习呢？

智慧告诉我们，没有完美的解决方案，通常也没有简单的方法。显然，我们将不得不至少带着一点道德剩余生活。不过，我们可以致力于从经验中学习，并与自己的正直品行建立起一种更和谐的关系。

生活中需要信守的誓言

40 多年前，我接受了自己的第一条佛教戒律，却不知道自己有多需要它们。作为一个年轻人，我对每件事都很好奇。我也很有实验精神，无所畏惧，乐于社交——我不介意冒险，愿意探索边界。冥冥之中，我感到自己需要一套修行之道，以支持我打开内心，向别人敞开我的生活，并提升我的服务能力。我还需要关于如何避免伤害别人的指导方针。我需要一种途径去觉醒、去爱，以及去勇敢地关心别人。回想起来，我确信遵循这些戒律就可以减少我可能给他人带来的伤害。它们也为我提供了一条通往另一种自由的道路，可以测试和培养我的正直品行。

我们可以将誓言视为承诺、指导方针、修习和价值观。在佛教中，这是我们走向笃定和智慧的支点。这反映了我们对正直生活的承诺：以宽容的态度对待他人和自己，关心他人，培养稳定、包容的思想和心灵，用奉献的双手与世界相遇。这也反映了我们关心什么，我们的优先项是什么，我们做了什么选择，我们需要舍弃什么。

当我不知道该走哪条路时，我可能会问自己：在这种情况下，佛陀会怎么做？这不是在要求自己做不可能的事。相反，这是在提醒我，自由的种子已经埋在我心中了。我的誓言浇灌了这些种子，这个看似天真的自问帮助我避免了很多伤害。

为了便于记忆佛教的五戒[①]，我精心制作了以下这个版本，它大大简化了佛教原有的五戒，但仍然涵盖了很多内容。

由于对生活中的纠结有着深刻的认识，因此我发誓要做到：

1. 不伤害并尊重所有生命；
2. 不偷窃，要行慷慨之事；
3. 避免不检性行为，要实践尊重、爱和承诺；
4. 避免说话伤人，说坦诚的有建设性的话；
5. 避免致醉物，培养冷静、清醒的思维。

① 佛教五戒为不杀生、不偷盗、不邪淫、不妄语、不饮酒。——译者注

这五条誓言提供了足够的资源来支持我一生的修习。可以将它作为一个道德指南针，为我们指引方向，在我们误入歧途时借此提醒我们。当我们能够遵从这些誓言时，通常可以坚实地站在边缘之地，避免陷入道德痛苦之中。当然，这也不是一个万无一失的公式。我们是人，不可能分毫不差地依戒律而行，也不可能永远按照价值观生活。然而，多年来我明白了，我们需要保持践行这些誓言的意愿。无论如何，我们都必须尽我们所能。当我们做不到的时候，可以通过谦卑来强化自己，这有助于让我们对那些伤害他人者更心怀慈悲。

无论如何，培养谦卑之心都不是一件坏事，这样我们就不会对那些道德行为表现不如我们的人，陷入武断和道德义愤的陷阱中。按照誓言生活，就是邀请我们为自身的痛苦和觉醒承担起责任，这往往需要艰难的选择。有时，我们不得不去做一些对我们来说最难做的事情。

践行感恩

还有一种誓言，我觉得对正直品行也是必不可少的——践行感恩的誓言。我们知道，正直品行关乎精神的完整性和对世界的大善意。佛陀也很清楚，感恩是正直品行的表现："一个不正直的人算是处于什么水准呢？一个不正直的人是忘恩负义、令人不齿的。这种忘恩负义，这种不知感恩为何物，是那些粗鄙人干的事情。他们完全可以和那些没有正直品行的人画等号。一个正直的人是懂得感恩的。文明的人会认同感恩的理念，他们可以和拥有正直品行的人画等号。"

我开始意识到，人们感恩的能力并不一定取决于人们的生活环境。在我为物质匮乏社区和垂死的人们所做的工作中，我看到了感恩是一种思想和内心的状态，它从根本上是慷慨和开放的，并不会因为所期待的事情彼此不同而降低感恩的程度（至少目前是这样）。

在我们位于尼泊尔的游牧诊所里，我们的尼泊尔朋友和病人自由地表达他们的感激之情，体现了佛陀所说的文明有礼和正直品行。接受这种感激之情是一种根植于相互信任和快乐滋味中的经历。

我也很感激从我的即将逝去的病人那里收到的一件礼物：一个结婚戒指；一首巴勃罗·聂鲁达（Pablo Neruda）的诗；一顶红色的针织帽子；一尊小佛像；一只用餐巾纸折叠成的纸鹤；一包口香糖；轻轻地握手；表达了感谢的温柔微笑……我从每一件珍贵礼物中都感受到了祝福，因为它们反映了赠送者的正直、幽默、慷慨和信任。这些礼物也激发了我的感激之情。

然而，有时候，我们给予或接受感恩的能力会被“贫困之心”所阻碍，这是一种与物质贫困无关的思想和心灵状态。当我们陷入这种贫困之心时，会关注那些我们所缺乏的东西；我们觉得自己不值得被爱，或者觉得与爱疏远了，我们忽略了我们所得到的一切。有意识的感恩行为是摆脱贫困心态的方法，这种心态侵蚀了我们的心灵，也侵蚀了我们的正直品行。

为了消除一天结束时自己可能产生的任何沮丧情绪，我会拿出点时间，带着感恩的心情回忆这一天自己所得到的东西。有时我会想起我刚刚看到的日落景象，或是多年未见的学生发来的一封电子邮件，抑或是一个学生眼中闪过的一道亮光，这是在告诉我他们做得很好，甚至是给了我很好教训的某个艰难时刻。在一天结束的时候，回想这些时刻就是一种感恩的修行，它让我感觉到生命和关系的价值。这也是一种计算我所得到的福祉的方法。不过，我不能把那些珍贵的东西私藏起来。我会与那些可以得益于这样的福祉，或者从我这一天的经历中获得启发的人们，或是直接分享，或是在内心分享。

我也试着每天至少给一个人写信，感谢他们这一天所做的好事，感谢他们为我的生活所创造的福祉，感谢他们给予别人的爱。作为善巧禅修中心的住持，我有时会很开心地写上几封电子邮件或卡片，感谢人们对中心的支持。我相信，就像慈悲一样，感恩的修行对给予者和接受者都有好处，还能丰富对联结的体验。冥想也会滋养感恩之心，因为它能让我们更充分地意识到和珍惜当下时刻。冥想强化了我们更清晰地看待道德困境的能力，并给我们带来了能够支持感恩的情感平静。它还为我们提供机会，让我们记住我们的价值观和意图，并记住我们造福他人的誓言。它让我们意识到无常，帮助我们放下抱怨；如果当下时刻让人不愉快，那么我们要记住，它会转变，我们还可以自问：我能从中学到什么？

我们的誓言和承诺，包括感恩的修行，都与一种有良知、有勇气和不伤害他人的生活相关。它们是我们打开生活大门的一种方式，让我们认识到一个更深层次的事实：我们彼此并没有分离——我们拥有一个共同体，有共同的生活，也拥有让所有人幸福的共同愿望。一旦我们认识到这一点，在生活中铭记这一点，并能实践这一点，感恩的炼金术就能点燃我们的心，进入正直品行的温暖和荣耀之中。

在正直边缘的发现

在那些复杂的时刻，我们有很多机会将道德痛苦转化为道德韧性，伦理学家辛达·拉什顿将其定义为“当一个人在面对道德上的复杂性、困惑、痛苦或挫折时，保持或恢复其正直品行的能力”。当我们拥有道德韧性时，就能坚守自己的正直品行，即使是处在道德逆境当中。

在日本，有一种被称作“金缮”（kintsukuroi）的工艺技法，指的是使用天然大漆黏合修复破碎的瓷器，然后在修复好的表面敷以金粉或金箔的艺术，这种修复能留下器物曾经因破裂造成的痕迹。因此，这件“被修复”的物件不仅能反映出生命的脆弱和不完美，还能反映出生命的美丽和力量。这样一来，物体就恢复了完整性，回到了原初的饱满状态。

我并不是建议我们应该寻求把破碎作为一种强化完整性的方式，尽管有些文明确实会在他们的成人仪式中，把主动造成危机作为一种培养对象品性和打开其心灵的方式，而是认为，在适当的情况下，从道德痛苦的边缘坠落所造成的创伤和伤害，可能具有一定的积极价值。道德上的痛苦、道德上的伤害和义愤，甚至道德上的麻木和冷漠，都可以成为金缮的手段，帮助我们培养更大的能力，让我们不畏风吹浪打，坚守自己的正直品行。

在日本游历的几年里，我曾将好几件经过如此精心修复的器皿拿在手中把玩过。我意识到，金缮并非以隐藏缺损为目的。它会清楚地显示出一件器皿未加掩饰的损坏状况。金缮技术只是把普通材料和贵金属结合起来修补裂缝，但并未将其掩盖。我相信，这就是道德转变发生的方式，也是正直品行打开的方式——不是拒绝苦难，而是将苦难融入一种更强劲的材料中。这也是一种蕴含善良的材料，这样，我们的天性、社会和世界的破碎部分，就能在具有整体性的黄金中重新整合起来。

第 4 章

STANDING AT THE EDGE

尊重

尊重是人类的宝贵财富之一，能使我们高尚，也能让我们向爱开放。

我在四岁时得了一场重病，失明了两年。康复后，我很难再跟上同龄人的步伐。我比班里的许多同学都要瘦小。一群女孩子联合起来欺负我，把我打倒是她们的一种消遣。我不记得她们说过什么，但我确实记得那种不被尊重的感觉。我还记得有一天放学后，我爬到我家车子的后座上哭了。我不明白为什么会这样。母亲安慰了我，但她的话并没有减轻那些轻蔑所带给我的刺痛。这些年来，那些被欺负的感受一直伴随着我。

近来，我对不尊重的担忧大大增加了，因为不文明行为正在与日俱增。让我变得敏感的不仅有童年时的生活经历，还有作为一名曾在学术界工作过的、曾为各种不同的董事会服务过的女性，被我的身体记住的那些体验。更令我震惊的是，我们国家的人因为肤色、移民身份、体能或性取向所遭受的虐待。尤其令人不安的是，我看到有些人因为被视为威胁而被社会边缘化，从而被禁止进入美国。我担心的是，这对我们的社会结构造成了什么样的影响。在我们的社会中，尊严不受重视，不尊重正在成为常态，缺乏文明似乎正在侵蚀我们的道德敏感性。

另一方面，我认为大多数人都意识到了尊重在当今世界的重要性。我们的生活也许就取决于它！尊重他人意味着尊重他人的自主权和隐私权，对他人诚实守信。它还要求我们必须有足够的自我认识，认识到我们与他人有着共同的命运；我们都是人，我们都会痛苦，我们都会死亡。

人类学家威廉·尤里（William Ury）在其著作《第三个方面》（*The Third Side*）中写道："人类有很多情感需求——对爱和认同的需求，对归属感和身份的需求，对生活目的和意义的需求。如果所有这些需求都可以用一个词来概括，那么这个词就是'尊重'。"当我们感到被尊重时，就会感到被重视和被人"看到"了。当我们尊重他人时，就是立足于谦虚、道德基础之上，就是关心他人和自己。尊重能够帮助人建立起健康的共情和正直品行（这两种都属于边缘状态）；它还为我们的人际关系和我们与地球的关系，增添了尊严和深度。它是爱与正义的基础，是将冲突转化为和解的途径。

这就是我把尊重看作一种边缘状态的原因。当我们站在尊重的高危边缘上时，我们就是在表达人类内心最美好的一面。我们可以将他人和自己从内在和外部的压迫中解放出来，同时滋养文明、安全和理智之根。我们可以深入观察事物和生命的本来面目，以及它们所有的优点和缺点，并以慈悲和洞察力来把握它们。

然而，人们很容易从这面悬崖上坠落，陷入不尊重他人的有毒沼泽：如果我们的个性或价值观与他人相冲突，就可能会通过含蓄或不那么含蓄的贬低来表达自己的不尊重；当我们否定他人的基本人性时，就扼杀了自己的人性；当别人不尊重我们并否定我们的人性时，我们就会感到被贬低、无能为力、意志消沉。

在个人层面上，不尊重会加剧冲突，使我们在与之相关的所有方面都遭受痛苦。在系统层面上，不尊重侵蚀了我们社会和世界的根基。如果我们能认识到尊重是一种边缘状态，就能避免陷入不尊重的沼泽。如果我们真的被卷入其中，就可能会在那个黑暗的沼泽中发现自身的慈悲和勇气。希望我们能发现，尊重是做人最大的财富之一，能让我们变得高尚，让我们敞开心扉去爱。

站在尊重的边缘

在善巧禅修中心的佛教传教者培训项目中，我们探讨了什么是尊重，什么不是尊重。为了感觉到尊重，我们必须以正直、理解和自我认识为基础。要尊重他人，我们必须诚实而有建设性地沟通、信守承诺、维护尊严、尊重选择和界限。

对他人的尊重反映了我们对自己的尊重，也反映了对健康社会的道德准则的尊重。此外，我还从与临床医生、教育工作者和学生们的合作中学到，尊重不是出于避免冲突的目的而不去进行建设性的反馈，也不是宽恕其他人违反正直品行的行为。尊重和正直的品行是相互联系的边缘状态；它们是相互依存的，而且尊重经常需要我们“对权力说真话”，或者清楚地知道，人们会将什么视为伤害，并叫停这种行为。

尊重也是各种关系的重要组成部分——如果尊重被伤害了，而且没有得到恢复，那么伙伴关系就会处于危险之中。多年来，作为善巧禅修中心的住持，我认识到，社区成员必须把彼此视为朋友和合作者，而不是竞争对手。我们还需要培养对彼此福祉的深切关怀，并充分地彼此信任，以便我们能够在互相尊重的前提下沟通：在什么情况下，我们会“虐”到对方。这事关创造一种诚信和尊重的文化。

尊重他人、原则和价值观，以及我们自己

有三个方面需要加以尊重：尊重他人、尊重原则和价值观、自我尊重。尊重他人意味着承认他们的价值和分量。我们可以尊重我们的对手，也希望我们能够尊重我们的熟人。我们可能非常不赞同他们所说的话和所做的事，我们可能也不完全了解他们——但在某种程度上，我们把他们当作一个人去理解，并意识到我们生来就脆弱，可能还会脆弱地死去。

如果我们能够洞察他们更深层次处境的本质，那么我们甚至要尊重那些给我们带来过伤害的人。多年前，我对美国的一位高级领导人毫无好感，甚至常常需要费好大劲才能忍住对此人的厌恶。有一天，我决定在禅修冥想中专注于他。我先看到他还是个婴儿，然后是一个小男孩。我想到他总有一天会死去，考虑到他给别人造成的种种痛苦，死对他来说可能不那么容易。我意识到，尽管我可能不想和他一起吃饭，但他仍然是一个人——羞辱他对我们两人都没有任何好处。我还意识到，如果他临终时把我叫到床边，我会陪在他身边。我也非常清楚，必须对他所代表的原则采取反对立场。我能把这个人和他的行为区分开来。我可以对

这个人敞开心扉，同时反对他针对别人所采取的行动。

从那时起，我更看清了那些虐待他人的人自身也在遭受痛苦这一真相。正因为有了这样的视角，当再遇到那些会危及他人者时，我就能避免满怀厌恶地对待他们。我对他们所造成的伤害并非麻木不仁——但我把他们视作一个婴儿或一个垂死的人，这能让我正确看待他们的人生。如果他们的敌意是冲着我来的，那么这种做法可以帮助我对他们的羞辱冒犯更为宽容——显然，他们表现出的不尊重主要是他们自己的毛病，与我并没有什么关系。就像我在监狱里和那些谋杀犯打交道时一样，我了解他们心怀妄念这一事实，同样，我对他们在重重痛苦之下的真实面目有着自己的认识。我也认为他们要对其行为和觉醒负责。

双手合十礼

当我们尊重他人的时候，就能理解清楚彼此之间的联系。我在尼泊尔的朋友们把相互尊重和相互联系仪式化了，他们把手放在一起，互相鞠躬，同时说出“有礼了”（Namaste）这句话，意思是“我向你鞠躬”或“向你内心的神圣致敬”。这是对自我与他人之间相互联系的表达，是对他人真实身份的认可。我注意到，尼泊尔孩子最先学会的事情之一，就是把他们的手放在一起，做出一种联系和尊重的手势，他们会向家人、朋友和陌生人做这个手势。

尊重的第二种形式是尊重道德原则。这关系到我们与自己最深层次的价值观的联系，即使是在困难的情况下，我们也要依照这些价值观去行动。作家琼·狄迪恩称这种尊重为道德勇气。从佛教徒的角度来看，拥有道德勇气意味着坚持我们的原则和戒律，认识到相互依存才能共生这一真理——“此是，因为彼是”。当坐在一名正在切牛排的佛教师父对面，我看到了其中蕴含的因果关系——无论是动物的苦难，还是养牛业对气候变化的影响。我在那一刻做出了一个有意识的选择，不想再给世界造成太多的痛苦，于是只点了扁豆炖菜。后来，我和他分享了我对饮食偏好的看法。

自我尊重是尊重的第三种形式，关系到让人摆脱羞耻和自责的锁链。狄迪恩写道，自尊的来源是“品格——为自己的生活承担责任的自觉性”。她解释道：“自尊是一种纪律，是一种思维习惯，它永远不会被伪造，但是可以被培养、训练、诱导出来。”

狄迪恩继续说道：“我不能断言这件事情是好是坏，但是获得这种形成自尊的内在价值，就相当于获得了一切。你可以区别事物，去爱，或者保持冷漠。但缺少这种内在价值就意味着自我封闭，意味着你无法去爱或者保持冷漠，尽管这看起来很矛盾。”换句话说，当我们真正了解了自己的基本美德，就会从小我的陷阱中解放出来，这个小我被孤立于它的各种联系之外，被困在冷漠之中。这样我们就可以放手去拥抱自尊，成为一个包容的自我，与所有的生命联系起来。我不能断言这件事情是好是坏，但是获得这种形成自尊的内在价值，就相当于获得了一切。

为别人洗脚

在我就读于圣公会女子学校期间需要学习《圣经》。有一个关于耶稣的故事一直留在我的脑海里：他在被钉上十字架的前一天晚上，在逾越节的宴席上为他的门徒洗了脚。这种尊重和谦卑的行为，给他的追随者们上了深刻的一课，让他们懂得了爱和服务。

2016年濯足节，在罗马郊外的一处安置点，一名男子跪在了难民面前。这些难民来自厄立特里亚、马里、巴基斯坦和叙利亚，他们的信仰也多种多样——伊斯兰教、印度教、科普特基督教（Coptic Christian）和天主教。在欧盟反移民情绪高涨之际，教皇方济各（Pope Francis）在那个神圣的日子，为移民和寻求庇护者洗了脚。他说：“今天，就在此刻，我也学着耶稣的样子，也为你们中的12个人洗了脚，让我们都做出视彼此为兄弟的姿态吧，让我们一起说，‘我们不一样，我们不一样，我们有不同的文化和宗教，但我们是兄弟，我们要和平相处。’”

和平相处，尊重他人，为我们当中最脆弱的那些人当仆人。2016年秋天，我们在尼泊尔多波游牧部落诊所的团队，受到教皇方济各那出于爱和慈悲的无私行动感召，决定为我们的病人洗脚。我觉得这是一种我们可以为所服务的村民更彻底地奉献的方式。在亚洲，脚被认为是不干净的，而碰触别人的脚被视为一种表达谦卑和尊重的方式。我们的团队清洗的不是十几个人的脚，而是几百个人的脚。起初，我们很犹豫：这么做合适吗？这会让人们感到尴尬吗？这真的是一种我们弥合文化差异、与病人建立亲密关系的正确方式吗？

第一个把手伸到热水里，为一位来自多尔波的中年妇女的脚擦肥皂清洗的，是一位名叫皮特的年轻律师。他如此恭敬而温柔地抚摸着这个女人的脚，我想他们双方都很惊讶。随后，来自美国北加州的年轻人西恩也加入其中，他很快乐地为农夫和牧民洗他们粗糙的脚。托尼奥也是如此，当他小心翼翼地为年轻人和老年人洗脚时，脸上洋溢着喜悦。著名的自然保护作家比尔跪在地上，给一位脚趾像旧绳子一样扭曲着的老人洗脚。

这些志愿者们端来一盆又一盆的温水。每个诊所每天都准备好了肥皂、刷子和洗脚盆。最终，我们的团队给几百人洗了脚——老人的脚、年轻人的脚、因拇指外翻而疼痛的脚、弯曲的脚、患有关节炎的脚、可能从来就没有洗过的脚、走过许多山路的脚……这感觉就像是一场关于爱、尊重、谦卑和赎罪的行动。

后来，村民们的精神领袖与我谈及村民们对这件事的反馈。他说：“有人告诉我，你们做了这样一件事情。这让多波人非常信任你们。还从来没有人碰过村民们的脚。你们不但摸了村民们的脚，也打动了他们的心。这是一件非常有佛性的事情。在多波，从未发生过这样的事情。这些人将对你们永生难忘。”

水就是生命

对佛教徒来说，水意味着头脑和心灵的澄澈、纯净、平静——这些品质使慈悲成为可能。亚洲许多地方的神龛里都供奉着水，这样我们就能提醒自己要滋养这些品质。在多波，我们这些为村民洗脚的诊所就相当于各种各样的神龛，我们可以用水向每个人表达敬意。我还认为，在无意识的层面上，这种做法是一种姿态，是在请求所有土著人原谅他们几代人所遭受的来自西方人的不尊重、虐待、剥削和种族灭绝。这是一种赎罪行为。

当我们在多波为村民洗脚的时候，来自世界各地的人们来到美国北达科他州的立岩保留区（Standing Rock），抗议达科他输油管道（DAPL）的建设。这条管道将从地下穿过立岩保留区的饮用水源密苏里河（Missouri River）和奥雅湖（Lake Oahe），这将使这些水源处于危险之中。当走过崎岖不平的喜马拉雅原始山脉时，我想到了拉科塔社区和多波土著人长期以来对水的崇敬之情：水是一条路；水是生命的赐予者和载体；水能当净化剂和营养剂。水象征着眼泪、洁净、沉浸、女性和智慧。没有水，什么都不能生长，甚至都无法生存。

我和我们的团队穿过群山，目睹了干燥的喜马拉雅山脉中逐渐减少的水流，我听到自己内心深处回响着一句拉科塔话："mni wiconi"（水就是生命）。拉科塔人说，水就是地球祖母的血液，是所有生命的源泉。我想起了美国密歇根州弗林特市，那里的水被铅和种族主义毒化了。我记得我的朋友温德尔·贝瑞（Wendell Berry）曾告诉我，由于开山挖煤，肯塔基州的一些河流和小溪都变成了令人作呕的黑色。

当我从多波回来的时候，我从朋友和学生那里了解到，"mni wiconi" 的声音也回荡在立岩保留区的各处营地中，水资源保护者们带领我们重新回到对神圣事物的尊重，对传统之道的尊重，以及对地球的尊重。当听说立岩保留区的抗议运动是由一群十几岁的青少年发起的，目的是为了反对夏延河保护区（Cheyenne River Reservation）附近的毒品泛滥和自杀行为时，我很感动。面对汹涌而来的苦难，这些青少年决定，通过帮助社区中的年轻人将自我毁灭转化为慈悲的行动，让他们将自我康复行动掌握在自己的手中。他们正在自觉探索，神圣的行动主义如何才能成为一股强大的抗衡力量，使这力量不仅能对抗威胁到立岩保留区饮用水的输油管道这条"乌龙"，还能对抗自我仇恨的痼疾，这正折磨着他们的人民。当从环保人士那里了解到公民不服从，他们开始意识到对精神和传统方式更深层次的服从。

我的一名传教者学员凯伦·戈布尔（Karen Goble）把我介绍给索菲·帕特里奇（Sophie Partridge），她是一位母亲也是一位作家。在12月的严寒中，她从伦敦来到立岩保留区，以支持这些水资源保护者。她说，除了“mni wiconi”，她最常听到的一个词是“mitakuye oyasin”，意思是“我所有的亲戚们”。在祈祷和集会中，当人们想说话和讲完话时都会说到这句话。听众会向他们重复这句话，以确认他们已经听到了。

Mitakuye oyasin，这是一个尊重和爱的标志，是对我们之间相互联系的承认，正如索菲所写，我们“与每件事和每个人都有联系……与蠕虫、蛞蝓和老鹰有联系……也与荆棘、毒菌、荨麻，以及大红杉和彩虹有联系。我们不仅与我们所爱的人有联系，而且‘与那些我们宁愿自己与其隔着一片汪洋的人’也有联系”。

苏菲在一封电子邮件中与我分享道：“是什么让我们在立岩保留区的感受如此强烈？是那些我非常尊敬的人们，以及那些在他们祈祷过程中与他们作对的人——那些伤害他们的人，向他们喷辣椒水的人，在冰天雪地中用水龙头向他们冲水的人，向他们发射橡皮子弹的人，把他们关在笼子里的人，把他们当作罪犯一样对待的人，向他们撒谎的人。他们真诚地将这些人纳入他们的祈祷之中。他们的祈祷是为了水和土地。这不是一场同时包含着善恶两面的不是你死就是我活的斗争。所有人都需要水，所有人都在一起。这对所有人的后代都是有益的，每个人的需要与他人都没有什么不同。”

在立岩保留区的人们所面临的暴力——棍棒和催泪瓦斯、警犬、橡皮子弹、在寒冷的夜晚里当武器用的水流——可能会把这个社区撕成碎片。当他们面对暴力时，他们本可以用暴力作为回应，但他们发誓要以非暴力和尊重去回应对方。

后来我读到，26岁的立岩保留区领导人艾琳·怀斯（Eryn Wise）在Facebook Live上看到了她妹妹被警察棒打的视频。据《纽约时报》报道，她冲到妹妹被警察袭击的地方，参与到打斗中，一头扑向警察。突然，有六只手掌落在她的肩膀上——是那些水资源保护者们把她拉了回来。怀斯看到了哥哥，他的脸上也布满了挨打的伤痕。“他越过我的肩膀朝着对方大喊，‘我们会为你祈祷，我们会为你祈祷！’”她这才意识到，他的脸上满是催泪瓦斯的痕迹，但他还在为袭击者们祈祷。“他的做法让我清醒过来。”她说。他让她坚守住了尊重的立场。

Mitakuye oyasin，我们所有的人、所有的生命，以及所有的事物都是互相联系的，这是一个强有力的佛教观点：水和山、警察和水资源保护者、土著居民和他们的殖民者。在多波，以及在我回到美国后，我反思了曹洞宗学派（Soto School of Zen）创始人希玄道元（Eihei Dogen）的教诲。他在 13 世纪时写道：“心灵是山河大地，是日月星辰。”

佛教这种包容的身份观和内在联系的真理观，在佛法的实践中以一种特别有趣的方式表达出来，在这种方式中，我们可以向“敌人”送出慈爱。当我们对某人感到不尊重、不信任，甚至是仇恨时，我们可以跃上尊重的高耸山脊俯瞰，发现我们其实都以这样或那样的方式相互关联着；我们至少是在共同承担痛苦。然后，我们就可以像水资源保护者们反复做过的那样，自然地回归本心，祈祷我们的敌人能免受苦难。我们可能不会尊重他们的行为，但我们可以尊重一个人的人性本质，以及他们转变的潜力。这是一种治愈我们自己的无助感、痛苦和愤怒的方式，能让我们重新坚强地站在尊重的立场之上。

从尊重的边缘坠落：不尊重

当我于 1987 年第一次访问缅甸时，亲眼看见了士兵欺负在偏远地区修路的人。这些士兵们嘲笑这些少数民族工人，侮辱他们，奚落他们。我不禁感到愤怒和恐惧。几分钟后，我的心更加紧张了，因为一位年迈的正在搬石头的修路工对折磨他的人露出了亲切的微笑。我想，他是如何做到这一点的呢？他的愤怒到哪里去了？他不觉得耻辱吗？他不觉得自己是受害者吗？

后来，我才意识到，这位年迈的修路工很可能看到了折磨他的人所遭受的苦难、他的耻辱，并正以慈悲的态度做出回应。这对我来说是一个很深刻的启发，也提醒我尊重可以有很多形式，包括表达出深刻的智慧。

这位修路工似乎有一种我们文化中大多数人所没有的不分离的观念。我们倾向于认为自我和他人是没有联系的。我们太容易把他人客体化，视之为迫害者或受害者，或者让他人把我们自己客体化，把我们变成受害者、迫害者或救助者。这种分离的态度很可能正是缅甸士兵欺凌弱小行为的根源，我认为这也是目前在全球范围内，尊重他人的行为日渐减少的根本原因。

我们不假思索地杀死昆虫，吃动物的肉；我们盲目地以厌恶和蔑视的眼光看待那些无家可归的人；我们与伴侣一起用餐，注意力却被电子设备夺走了；当课间铃响时，我们在教室里对那个哭喊着要引起注意的孩子厉声斥责；面对我们的工作要求时，我们粗暴地把员工或委托人的投诉推到一边。我们会很轻率地贬低和欺负那些与我们意见不同的人。

有时候，我们的不尊重似乎是有正当理由的——当我们的价值观与他人发生冲突时，当我们不同意他人的决定时，当我们被他人的言行冒犯时，我们都可能会不尊重他人。当别人在交往中咄咄逼人或者加以胁迫时，我们对他的尊重就会被削弱。如果有人不尊重我们，我们就很难不以牙还牙。虽然不尊重可能有许多不同的形式，但它从来都不是正当的。

恃强凌弱

恃强凌弱是最常见的不尊重行为之一。欺凌就是使用武力、威胁或嘲弄来支配和贬低他人。很多人都有过这样的经历；无论是在操场上、在学术会堂里、在董事会会议室里、在病房里、在饮水机旁，还是在美国首都华盛顿，我们都经历或目睹过被嘲弄所带来的痛苦。也许我们曾经欺负过别人或贬低自己，也许我们被那些认为自己处境不如我们幸运的人贬低过，也许大多数人都曾被那些处于强势地位的人（如父母、老师或老板）欺负过。

欺凌可以是激烈的，也可以是微妙的；可以是攻击性的，也可以是被动攻击性的。我们可以通过轻蔑来欺负别人，好像身边的人不值得我们正眼瞧瞧；我们或者完全就以粗鲁和不友善的态度对待他人。不那么微妙的欺凌形式包括捉弄、奚落和羞辱他人。我们所遭受的欺凌可能来自我们的同龄人、上级，或是社会等级体系中低于我们的人。它发生在个人和社会层面，甚至可能来自媒体。

当我遇到简·雅纳（Jan Jahner）时，我对欺凌作为一种不尊重形式的兴趣变得更加浓厚。雅纳是一名经验丰富的护士，曾在善巧禅修中心的佛教传教者培训项目中学习过。雅纳对我说，护士们会"'吃掉'她们中的年轻人，也会彼此'撕咬'"——这是研究人员凯瑟琳·巴塞洛缪（Kathleen Bartholomew）提出的一个观点。我发现以此来形容那些本该以慈悲著称的专业人士是相当令人震惊的。我催促雅纳多告诉我一些，在护理工作中欺凌行为是如何发生的。

雅纳告诉我，在这些工作中存在横向敌意（horizontal hostility）。横向敌意指的是，在组织或社会等级体系中，处于大体相同等级的人之间的不尊重行为。横向敌意也被称为同伴攻击，存在于许多环境中。公司内经理们互相诋毁，同僚们互相躲闪、排斥，政客们互相嘲笑；甚至那些精神导师们也会互相贬低。女权主义作家丹尼斯·汤普森（Denise Thompson）将横向敌意定义为"由于彼此在权力和特权方面没有那么大的差别，因此就把身边的人当成出气筒"。

欺凌不仅发生在同伴之间。在等级制度下，等级不平等的人会更容易彼此蔑视，这种现象被称为纵向暴力（vertical violence）。在工作场所，大多数恃强凌弱者都是老板和其他身居要职的人。在工作场所之外，老师可能会羞辱学生，军官常常会嘲笑新兵，父母可能会贬低他们的孩子，医生可能会对护士无礼。

我还从个人经历和其他人的故事中了解到，当等级较低的人试图从较高层的人手中夺取权力时，或是当被剥夺公民权的人反抗来自上层的虐待时，纵向暴力也可以自下而上发起。

横向敌意

每年，在善巧的临床医生培训项目中，我都会遇到一些护士，她们曾被同行伤害过，正考虑告别这一职业。雅纳告诉我，大约有两成的护士离开护理行业，并不是因为与病人或医生相处困难，而是因为同事的骚扰和无礼。横向敌意对护理行业造成的损失，以及对患者和医疗机构造成的损失，是令人难以置信的。

雅纳在其佛教传教者论文中，讲述了自己在工作中经历过的横向敌意。当她哥哥死于癌症时，她在急诊室当护士。沉重的悲伤让她分心，也影响了她的工作绩效。她写道：

> 在一个长期以来一直非常尊重我的团队里，这之后发生的事情感觉就像是滚出来了一个雪球。在快节奏的环境中，一些显得比较小的或者一般性的错误，如今成了大事件；我的情绪也成了别人闲聊和含沙射影的话题。随着人们对我的表现越发关注，我也越发感到焦虑、不知所措和恐惧。我没有意识到，我的脆弱使大多数同事感到不舒服，或者说微妙的攻击和蓄意侵犯是他们自我保护的一种手段。我知道，当我走到拐角处，发现正在扎堆的护士同事们突然沉默下来，这意味着我成了她们的话题，就像我以前曾看到过的，其他护士或急诊医生被排挤出团队的情形。我觉得有人在窥伺我、打量我。

雅纳休假六个星期回来后，感觉自己的心态稳定多了，可以工作了。然而，她的团队还没有准备好让她回来。

> 无数次微妙的、公开的和隐蔽的攻击，以及她们冷漠的态度都表明，我应该换个部门了……我曾经如鱼得水的环境现在变得充满敌意，我不知道“我的故事”现在被传成了什么样子，但我知道全医院都在传。我的故事变得离奇无比。我觉得在我们这家小医院里，一些护士实际是把我以前的痛苦经历当成了嚼舌根的素材，都想用她们自己的版本把我的故事讲得活灵活现。当我努力想让自己的工作生活恢复正常时，感觉她们就像秃鹰一样正潜

伏在我的身边，伺机寻找鲜美多汁的食物。

最后，雅纳搬到了街对面的一栋大楼里，在临终关怀中心找到了一份新工作。她的新同事们认为她的悲伤是正常的，她也能够尽情地释放自己。尽管如此，她的自我价值感已经被前同事们的攻击和排斥伤害了，多年来，每当她进入医院时，都必须给自己打打气。她写道："说巧不巧，这些同事在我极度脆弱和面对困难的时候，打到了我最核心、最敏感的部位。"

为什么在护理这个以关心他人而闻名的职业领域中，同伴侵犯会如此普遍？通过对被压迫者群体行为的研究，我们可以了解到其在护理职业领域和整个社会中的存在状况。

20 世纪 70 年代初，当女权主义在美国风靡时，我了解到很多关于同伴侵犯的情况。我们许多参加运动的人，也很快就意识到了投身运动之中的女同仁之间的不尊重。事实上，"横向敌意"一词就是从女权运动中产生的；著名的女权主义者、民权活动家、律师弗洛伦斯·肯尼迪（Florynce Kennedy）发明了这个词。她写道："横向敌意可能表现在兄弟姐妹之间的竞争，或是互不相让的决斗中，这种争斗不仅破坏了办公区域或郊区家庭生活的宁静，还损害了一些激进的政治团体，而且必须悲哀地说，连一些妇女解放组织也未能幸免……（这是）她们的愤怒本来应该聚焦于压迫的外部原因，却误入歧途了。"

当肯尼迪积极参与纽约的民权运动时，我正在哥伦比亚大学做研究员。我是在那些年的民权运动场合认识她的。她不屈不挠、能言善辩，没有人不尊重她。肯尼迪的父亲是普尔曼（Pullman）的一名搬运工。她是黑人，但在堪萨斯城一个以白人为主的社区长大。当三 K 党试图把她的家人赶出这个社区时，她父亲用猎枪把这些家伙赶走了。她为自己成为哥伦比亚大学法学院（Columbia Law School）学生的正当权利而斗争，成了这所学校唯一的黑人学生，也是班上仅有的八名女学生之一。1965 年，她在试图回到自己位于东 48 街的家时被逮捕，因为警察不相信她住在那个街区。这段经历促使她成为一名社会活动家，后来她成立了女权主义党。

内在化的压迫

关于横向敌意，肯尼迪写道："我们互相指责，而不去指责那些压迫者，因为这样做不那么危险。"而压迫者有时也更模糊，甚至看不见。

不过，肯尼迪指出，造成横向敌意更阴险的原因是，被压迫的人可能与他们自己所遭受的压迫有着同谋关系。她写道："如果没有得到被压迫者同意，就不可能有像美国这样普遍存在的压迫制度。"当压迫成为现状时，即使是那些受压迫群体中的人，也往往会成为某种强化权力凌驾模式的角色。例如，女性可能会把自己比男性弱的信息内化，然后无意识地在男性周围表现得很自卑。这种现象被称为内在化的压迫。从定义上讲，被边缘化的人比当权者更容易受到欺凌——他们往往把这种欺凌深深地埋在心底，表现为羞耻和缺乏自尊的内心欺凌。

内在化的压迫、系统性的暴力，以及各种形式的等级性虐待，创造了边缘化和引发横向敌意的完美条件。肯尼迪写道："他们试图对任何想要进行社会变革的群体采取各个击破的做法。黑人应该反对波多黎各人。女人应该和她们的母亲、公婆对着干。我们都应该为了得到统治阶级给予的恩惠而互相争斗。"

我在年轻的时候就知道，当男人为了保持自己的统治地位而欺负女人时，通常是通过直接的、自上而下的虐待——通过居高临下的、屈尊降贵的、彰显性别的，或者羞辱性的行为，比如"男人说教"（mansplaining），进行实际的身体虐待和性虐待。与之相反，我在女权主义运动中看到，女性是从自身脆弱这一定位出发，利用横向敌意和自下而上的纵向暴力，试图恢复自身所经受的权力失衡。我观察到，那些感觉自己没有那么强大的女性，往往会试图让那些她们认为比自己更强大的女性倒下去。我们经常在女性政治家、学者、商界领袖和宗教领袖身上看到这一现象。我自己也受到过这样的待遇，这让人很煎熬。那些展示出实力的女性可能会成为目标——不仅成为男性和媒体目标，也是其他女性的目标。然而，我们不应该忽视这样一个事实：男人比女人更会欺负人。根据职场霸凌研究机构（Workplace Bullying Institute）所做的 2014 年美国职场暴力调查，三分之二的施暴者都是男性。

雅纳解释了在她作为护士的职业经历中，缺乏自尊是如何让护士们陷入边缘化的：

> 从历史上看，护士职业会招募那些对护理病人、服务和自我牺牲很看重的年轻女子。人们普遍认为，在一个主要由（年长的）男性医生组成的卫生保健系统中，护士（在成熟度、批判性思维和技能水平方面）不如她们的医生搭档。这些护士缺乏权力、自主权和自尊，有时会沦为被边缘化者的角色，向权势寻求认同，并贬低她们自己的权力。

被边缘化的压力是导致护士之间进行同伴攻击的一个因素，此外，还有面对具有身体和情感风险的医疗紧急情况的压力。对雅纳来说，这种横向敌意始于她的培训经历。她写道："当我的一些护理导师听我回答问题并给予指导时，其他人会在一旁看着，打着'优胜劣汰'的旗号等待羞辱她的机会，这可能源于她们为顺利成为护理行业一员而形成的某种竞争。"

纵向暴力

自上而下的欺凌，或称纵向暴力，在个人和社会层面都很普遍。拥有更多特权的人往往会通过评论、行为，以及强化性别歧视、种族歧视、阶级歧视、年龄歧视和同性恋歧视的政策，来贬低那些弱势者。职场霸凌研究机构发现，非白人成为职场暴力对象的比例明显高于白人。

自上而下的欺凌是 2016 年美国总统大选的一个核心特征。一位共和党总统候选人公开嘲笑和贬低各种各样的"其他人"：女性、黑人、穆斯林、残障者、墨西哥移民，当然还有其他候选人。不管是在竞选中还是选举后，他的一些支持者都以他明目张胆的姿态为榜样，去欺负和威胁这些人群。在俄勒冈州西部的一所高中，白人学生在物理课上就高喊："筑墙！筑墙！"不久后，一名学生在学校里挂上了一条自制的横幅，上面写着“筑墙”，这引发了该地区的拉丁裔学生举行罢课。在其他地方，穆斯林儿童被成人说成“恐怖分子”“伊斯兰国”和“人肉炸弹”。南方贫困问题法律中心（Southern Poverty Law Center）发表的一份报告得出结论：“这场运动在有色人种儿童中引发了令人担忧的恐惧和焦虑，加剧了课堂中的种族和民族紧张关系。许多学生都担心会被驱逐出境。”

正如凯伦·斯托尔（Karen Stohr）在《纽约时报》上发表的文章所称，自上而下的欺凌比其他形式的欺凌造成的后果更严重。她写道：“社会强势群体对弱势群体所表达的蔑视，在道德上的危险要远远大于弱势群体对强势群体的蔑视。特朗普作为总统拥有非凡的社会权力。这种权力所助长的蔑视，使得其影响力变得更大，因此，对我们基础性的民主价值观所构成的威胁也会大得多。”

我的佛教传教者学生米歇尔·鲁迪（Michele Rudy）在亚利桑那州与“梦想者们”（DREAMers）一起工作，他们是由奥巴马政府提供保护的没有正式文件记录的儿童。她告诉我，这些“梦想者们”终日处在美国移民和海关执法局（ICE）对他们的家、学校和工作场所进行突袭的恐惧之中。米歇尔写道：“孩子们不想上学。一位母亲告诉我们，她的儿子一连三天都不敢离开卧室。这些人完全有理由担心他们会受到迫害，他们的生活将被摧毁。”

米歇尔是为应对这件事情而组建的一个团队中的一员。“首先，‘梦想者们’将和他们的家人一起到白人福音教会，去展示他们的人性，去介绍这样的行径对他们意味着什么。这对他们来说是非常痛苦的，因为他们必须在其他人，甚至是那些可能反对他们的人面前展示他们的痛苦，呼吁他们从错觉中醒来。如果他们受到迫害，我们将要求教会与这些最脆弱的人站在一起。”

霸凌也可能是自下而上的。我经常想起巴拉克·奥巴马总统在八年任期内每天面对的情况，人们出于种族动机而不尊重他，试图动摇他的地位。至少在公开场合，奥巴马在讲话时总是对所有人给予尊重。正如第一夫人米歇尔·奥巴马的名言：“当别人往道德的低处走时，我们要继续向高处前行。”

和大多数有一定权力、负有一定责任的人一样，多年来，我也有过遭受自下而上的欺凌的经历；大多数老师都会与我心有戚戚焉。我第一次遇到这种情况是在 1976 年，当时我在新成立的社会研究学院教人类学这门课。我的班里有 150 名学生。教室后面坐着三个年纪较大的女人，她们在整堂课上都对我说着侮辱性的话。在忍受这种行径很久之后，在系主任的建议下，我诚恳而坚定地把这几位女性请到了教室的前排。

起初她们是抵触的。这是 20 世纪 70 年代的纽约，恃强凌弱的权威人物“很当行”。不过，我温和地坚持着，最后她们还是照办了。第二天，她们坐到了前排，我们似乎已经在和平相处了。

也许是因为我不再忍受她们的侮辱，而赢得了她们些许的尊重。不过，也了解到这些女性有过受虐待的生活背景；来到这所学校对她们来说是到了一个安全的地方，而把我压下去是她们抬高自己的一种方式。然而，最终的结局是，我们彼此建立起了联结，我认为这才是她们真正想要的。有时候，一个人必须冒着陷入更多麻烦的风险，才能打开与他人建立联结的可能性。这些女性告诉我，自下而上的欺凌通常源于人们对当权者感到无助和愤怒，有时权力的再平衡会以令人惊讶的方式发生。

权力合作和权力凌驾

尊重和不尊重与权力态势密切相关——是权力合作还是权力凌驾。尊重可以是一种健康的力量的形式，是一种权力合作。尊重我们的父母、老师、同龄人，或是那些易受伤害的和没有庇护的人。当我们用自己的力量去推动那些处于更脆弱地位的国家进步时，我们是出于尊重、出于权力合作而行动。当我们利用自己的权力，以牺牲他人利益为代价来促进自己的利益时，我们的行为是出于不尊重和权力凌驾。

权力有很多陷阱。权力能使人更关心自我，把自己的需求置于他人需求之上。权力能让人失去控制，以至于达到无视尊重、善良、体贴和认真负责的社会规范的程度。权力会让人迟钝，让人迷醉。我认为，欺凌者往往醉心于权力，沉迷于利用权力差距为自己谋利，这样他们就能控制环境，操纵他人。

即使是在总体社会地位相同的群体中，细微的权力差异也会基于个人魅力、领导能力、身高、年龄、吸引力和体力等因素而产生。恃强凌弱者知道如何利用这些轻微的权力失衡以及对方的弱点，将其转化为彼此之间更大的权力差距。

在宏观层面上，权力凌驾表现为种族主义、性别歧视和其他“主义”。当不尊重被制度化地纳入社会体系和结构时，就变成了系统性压迫。系统性压迫导致美国密歇根州弗林特市的政客们断定，为了省钱，拿大多数黑人的饮用水去冒险是可行的选择；多年来，对神经有毒害的铅物质就在众多家庭的水管中流淌着。他们重新调整了输油管道线路，使其绕开主要居住着白人的俾斯麦地区，改为从作为立岩保留区的苏族印第安人水源的密苏里河下面穿过，在这一决定背后就隐藏着系统性压迫。毫无疑问，这也是 2016 年一位女性最终未能打破美国的玻璃天花板，成为美国总统的原因之一。它是“宗教自由”法律、“厕所法案”，以及其他使歧视 LGBTQ 人群合法化的政策的根源。它还以更微妙的方式表现出来，揭示了弥漫在冰山深处的思维模式，如“我不认为你是黑人”之类的微攻击。

系统性压迫和不尊重是由“他者化”引发的。东印度学者、女权主义评论家加亚特里·查克拉沃尔蒂·斯皮瓦克（Gayatri Chakravorty Spivak）将“他者化”定义为“帝国可以通过某个程序，以那些被他们殖民、排斥和边缘化的人为参照，来定义自身”。在美国，这种殖民行为具体表现为对土著人土地的占领和对土著美国人的“他者化”，从象征意义上表现为对有色人种、残疾人、LGBTQ 人群，甚至是对监狱系统中的那些犯人的边缘化。它还助长了性骚扰和性别暴力。当我们被边缘化、被羞辱，并成为“他者化”的对象时，我们很难保持自尊。我们的低自尊可能不是因为人格缺陷，而是因为我们已经把社会对我们的压迫态度内化了。

剥夺尊严

说到监狱系统，人们通常认为，在那里存在不尊重和羞辱是正常的。当我在新墨西哥监狱系统做志愿者时，我为囚犯们制订了一个为期 20 周的计划，其中包括各种形式的冥想［包括慈爱修习（metta）］。这个计划还强调道德和沟通。

有一天早上，我正准备教慈爱修习，一个新来的囚犯戴着手铐被押送到了上课的教堂。他身材高大，相貌粗犷，脸上满是麻坑，剃光的后脑勺上文着“雅利安兄弟”这几个字。我看了他一眼，快速想了想，将今天的课调整一下或许更好。我还记得他的名字——约翰，人称“纳粹车手”。警卫解开约翰的手铐，离开了教堂，很快就出现在只能从我们这间教堂外面进入的玻璃岗亭里。

我们从登记开始。约翰什么也没说，只是在一旁怒目而视。当我们做一些伸展运动时，他仍然保持沉默，一动不动，就像一块冰冷的铁块。然后，我开始了心理训练这部分课程。建议大家或是闭上或是睁着眼睛，只要自己感到舒服就好。我睁大了眼睛，这个新来的囚犯也大睁着眼睛。

我开始引导冥想，让大家安顿好身心，并回想他们所认识的一个真正遭受过痛苦的人。然后，我开始慢慢地念诵一些慈悲的话语：“希望你平安，希望你安宁……”课程开始后还不到一分钟，约翰就竭力高高地跳了起来，大声喊道：“你这个该死的！你根本不知道你在胡说八道些什么！”他涨红了脸，不停地大声咆哮着、咒骂着。

我没有时间考虑如何改变这种情况。望着约翰充血的眼睛，我只是以一种坚定而幽默的谦卑姿态说道：“我同意你说的，但不喜欢你说话的方式！”

房间里立刻爆发出一阵刺耳的笑声。就在这时，狱警冲了进来，估计是他们以为我已经被吓得蜷缩在角落里，或是被扣为人质了。然而，我其实没什么事。我相信，得益于多年的修习，我能够对那些因自己而起的灾难保持警觉，并及时做出反应。至少这一次，我的话似乎说到了点子上。

我很庆幸能在笑声中安然无恙地结束这次授课。不过，这对约翰和我来说其实都堪称一次艰难的经历。

我后来只见过约翰一次，是在一年多之后。在这段时间，他又杀害了一名囚犯。约翰被判了死罪，被认为很危险，在被押送进牢房之前，狱警准备对他进行脱衣搜身。我们的目光对视了片刻，当狱警们准备让他接受这种羞辱仪式时，我能感觉到他冷酷的愤怒。我回想起一年前我们那次简短而曲折的交流，我突然想到，自我上次见到他以后，他肯定受到了很大的侮辱，也发泄了大量的愤怒。

在我们上次见面时，他把我物化了，我也用自卫和幽默的话语把他物化了，这显然让他在狱友面前蒙羞。直到我们在监狱走廊又碰面的那一瞬间，我看到他裸露的躯体上疤痕累累，文身遍布，张力汹涌。他似乎对近处有一个女人一点也不在意。当我匆匆走过这令人难堪的场面时，我觉察到我的胸口猛地绷紧了。我觉得，拯救这个大块头的所有机会都可能已经丧失殆尽。

约翰的尊严连同其他的一切都被剥夺了。尽管他是一个恶霸，但管教他的狱警作为压迫者的权力更大，他们以一种漠不关心的态度显示出对约翰的不尊重和支配性，仿佛在对付一个没有生命的物体。

当我走过大厅时，感到胃里很不舒服。在那一刻，我同时目睹了纵向暴力和系统性的压迫——我们的军队、医院、学校、宗教机构和政府也可能存在这种情况。我能感觉到约翰因无助而引起的愤怒，同时我也能感觉到守卫们冷酷、专横、卑鄙的一面，我觉得自己对恃强凌弱的人是如何造就的有了一些了解。

鸯掘摩罗

内在化的压迫是形成纵向暴力和横向敌意的一个要素。那些感到内在化的压迫的人可能会试图通过自上而下的欺凌来征服或伤害他们认为地位较低的人。或者他们也会变成自下而上的霸凌者，去挑战那些他们认为地位更高的人，就像约翰所做的那样。恃强凌弱者和暴君也可能无意识地模仿那些习得的行为，或试图去纠正自己主观上感觉到的不公平。

我从在监狱系统中开展的项目中学到，人们不会因为觉得自己比别人强大而欺压他人——他们之所以这样做，是因为他们感到软弱，而且往往是因为他们遭受着不被承认的耻辱。他们因为虚弱而感到恐慌，攻击他人成了他们的一种自我保护的方法。

当在“里面”工作时，我经常想到关于连环杀手鸯掘摩罗（Angulimālā）的佛教故事，这个故事告诉我，在合适的条件下，仇恨是可以转化的。当佛陀在世时，人们就算只听到“鸯掘摩罗”这个名字都会感到脊背发冷，因为这个词的意思是“手指串成的项链”——这些手指都来自那些被鸯掘摩罗杀害的人。正如《鸯掘摩罗经》所说，鸯掘摩罗“残忍，双手沾满鲜血，杀戮成性，对众生毫无怜悯之心”。他嗜杀成性，经常把整个村庄、整个地区都毁掉。

有一天，佛陀正在布施，村民、牧牛人和农夫们都警告他，鸯掘摩罗就在附近，他应该注意安全。佛陀没有听从他们的劝告；相反，他继续平静地施舍。没过多久，他听到了奔跑的脚步声，随即身后传来一声愤怒的喊叫，命令他停下来。佛陀继续慢慢地走着，毫不在意，用一种神秘的力量始终把卖力奔跑的鸯掘摩罗隔在一定距离之外。跑得精疲力竭的杀手气急败坏地对佛陀大喊：“你给我停下来！你这个不知死活的出家人！”

佛陀回答说：“鸯掘摩罗，我早已完全停下来了，是你没有停下来。”

鸯掘摩罗吃了一惊，最终走上了佛陀的道路。佛陀用平静而清澈的眼睛注视着他。他感到很吃惊，就问佛陀为什么不害怕。佛陀看着他，好像视他为他的一位老朋友。

鸯掘摩罗说：“佛陀，你说你早已停下来了，但你还在走啊！你说是我没有停下来。你这话是什么意思？”

佛陀回答道，他已经停止伤害别人了，并且已经学会了珍惜别人的生命。

鸯掘摩罗说，既然人类彼此不关心，那么他为什么要关心他们呢？只有在所有人都被杀死后，他才会善罢甘休。

佛陀平静地回答说，他知道鸯掘摩罗受过他人的伤害——他遭受过老师的伤害和同学们的蔑视。佛陀解释道：“人类可能会因为无知而残忍，但人类也可以觉悟。”

佛陀深深地盯着鸯掘摩罗的眼睛，说他的僧侣们发誓要践行慈悲，保护他人的生命。“将仇恨和攻击性转化为善的方法就是佛法（达摩）。”

佛陀告诉鸯掘摩罗，他正走在仇恨的道路上，并敦促他选择宽恕和爱。听了这话，鸯掘摩罗心惊肉跳。他意识到自己已经在危险的道路上走得太远了，担心已经来不及回头了。

佛陀回答说，任何时候都不晚，他敦促鸯掘摩罗转向觉悟之岸。他发誓，如果他把自己的一生都奉献给善良和慈悲，就会关照鸯掘摩罗。鸯掘摩罗抽泣着放下武器，承诺放弃仇恨和攻击性，成为佛陀的弟子。

当我第一次读这个佛教故事的时候，我意识到，对鸯掘摩罗来说，伤害别人可能是对于他小时候被同学和老师欺凌后的直接反应。我对这样的故事情节很熟悉。我在戒备森严的监狱里遇到过许多像鸯掘摩罗这样的人——他们受伤了、封闭自己、愤愤不平。然而，鸯掘摩罗领受到了转变的祝福，佛陀深深地理解他。是的，尽管鸯掘摩罗是个连环杀手，但他内心也有善的力量，佛陀看到了他的真实面目，并唤回了他的真我。

在我回想鸯掘摩罗的故事时，我才意识到我错过了和约翰在一起的机会。约翰杀了三个人。他很强硬，但更深入地看，我能感觉到他已经崩溃了。时光无法倒流，我再也见不到他了，但我一直记着这个失败的教训。

有一次，在监狱里，一个被监禁的人对我说：“这是我有生以来第一次，得到了别人的尊重、善待。”当我与他对视时，我的喉咙发紧了。他没说太多话，但他回望我的目光是毫无戒备的。随着时间的推移，这个人成了一个模范囚犯——他走向了内在的自由，最终也走向了外在的自由。

因与果

通过相互依存共生的视角，我们可以看到，对他人的不尊重是由多种原因和条件造成的。在人格层面，恃强凌弱者会产生一种虚假的优越感，这种优越感来源于自卑感、未被承认的羞耻感、缺乏自我意识、情感迟钝和盲目，以及物化他人的防御机制。在动机的层面，不尊重也许有一个表面上合理的理由，如当别人做了违反我们道德感和正直品行的事情。在外部层面，竞争性的组织文化和系统性的压迫助长了不尊重。

我们还必须记住，不尊重对情感、身体和精神的影响可能是生死攸关的。一项关于医疗行业无礼行为的研究，给出了五个原因：工作量、缺乏支持、病人安全、等级制度和文化。然而，如果我们成为遭到不尊重、敌意、欺凌和无礼行为的目标，可能就会感到愤怒、羞愧、耻辱、愤世嫉俗和徒劳无功——这是一种会导致自我仇恨和自我伤害的情绪螺旋。在身体上，我们会体验到失眠、疲劳，以及与威胁相关的应激反应，如争斗、逃跑或吓呆。如果自身有某种特殊弱点，我们也可能患上相关的疾病。

还有人际关系方面的后果。如果我们不被尊重，可能就会对加害者发动攻击或惩罚他们。我们可能会从这种处境中退出来，甚至离职或者逃离所在团体。或者，就像鸯掘摩罗所做的那样，我们也会寻找欺凌对象来实施报复，这就强化了一个恶性循环。我们的应对机制，如药物滥用，又可能会导致社会孤立、心理健康问题，甚至是犯罪行为。当被这种有害情绪攫住时，那些霸凌者自身也会体验到一些心理、身体和人际关系方面的恶果。

如果我们发现自己被困在不尊重的沼泽中，就需要尽快把自己拉出来。对鸯掘摩罗来说，这是一场危机，他需要更深入地了解自己。正如原因会把我们推入不尊重的道路，结果也会把我们拉回到尊重、端庄和礼敬的道路上。鸯掘摩罗就是这样；我们也是如此。

尊重和其他边缘状态

按照传统的定义，尊重是“一种关心或高度重视的态度”。尊重是正直品行和共情的产物，它来源于我们的观点、价值观和情感。“尊重”（respect）一词的词源是拉丁文“respectus”，其意思是“回顾和思考”。相反，“不尊重”（disrespect）则意味着“看轻”，并且不予过多考虑。当我们有意识地要尊重一个人、一个原则，甚至是我们自己的时候，我们会经历一段自然的停顿，要回头进行更深刻的反思。从这个角度看，“尊重”不仅是一个名词，还是一个动词——是一个过程。

当思考尊重这一过程及其如何影响其他边缘状态时，我想起了苏珊的经历。有一名军医向我求教，她将为一个新的政治管理当局服务，但她认为这一当局恰好体现了我们政治制度有害的那一面，在这样的情况下，如何才能保持自尊和对自己价值观和原则的尊重呢？她向我吐露说，由于战争带来的痛苦，她经常对参与军事行动感到内心矛盾。与此同时，她也意识到自己有一个更深层次的使命。她说：“我担心自己是一个有害体系的组成部分之一，但我又觉得，与军方外部发起的变革相比，我与军方的亲密关系创造了一个从内部变革体制的机会，这种变革更有效，也更有力度。”

她最近参与了在阿富汗的军事部署，苏珊觉得她的医生职业是“正命”（Right Livelihood）——这是一个佛教术语，意思是符合伦理的工作。这为她提供了“为黑暗的地方带来光明”的机会，也为那些遭受了战争创伤的人们奉上体现着尊重的关怀。然而，她告诉我，作为一个有行善之心的人，她有时会发现自己受到病态的利他主义的支配。她有时也会被自己所遭遇的痛苦（共情痛苦）和高强度的工作要求（倦怠）压垮。在她看来，为一个其文化气质根源于暴力（道德痛苦）的机构工作，让她感到内心矛盾。

她在与我的沟通中承认，为了保持自尊，当被要求执行非法命令时，她需要考虑不服从。即使做出了这样一个承诺，她也会感到纠结。她说："我可以继续训练下一代医护人员，让他们不仅仅提供医疗服务，还要以更深切的慈悲来减轻、缓和他们所见证的痛苦和愤怒。在这个自我延续的体系中，我可以继续发出异议和质疑的声音。然而，这就足够了吗？我的出现是一种默认吗？是对现状的默许吗？"

我坐在那里听苏珊讲话。我能感觉到，在为受伤和垂死的人提供急需的护理时她内心的冲突，因为她同时觉得自己正在违背自己的正直品行和自尊。我的方法不是劝告而是询问。我想到了我的父亲，想到了他的道德伤害和随之而来的丧失自尊教会了我什么。我还想到了我的学生们，他们遭受了战争的创伤。我回忆起我在监狱里做志愿者的经历——那是一个对不尊重、欺凌和暴力司空见惯的机构。

我给苏珊写了这样一段话：

> 当我在监狱系统做志愿者的时候，也遇到过你说的这种情况，我也问过自己类似的问题。当我们置身于那些造成伤害的机构内部时，我们自身对结构性暴力的形成起到了什么作用？我认为必须深入挖掘这个问题。我们的待遇（如退休计划或地位）可能会让我们妥协，所以我们最终会在心理上变得堕落，因为我们在某种程度上说是伤害的合谋者，也因此伤害了自己。另一方面，是否存在一种可以让我们进入这个体系，去奉行那些引领我们生活的价值观，并成为践行这些价值观的榜样的方法？深入研究你所面临的问题，同时，展望你五年、十年后的生活……你看到了什么？你想成为谁？你现在是谁？如果生命还剩最后一年，你想做什么？

在接下来的几天里，我经常想起苏珊。自我尊重和尊重我们的原则可能会被很多因素所困扰，包括：我们自己的理想主义、我们对社会期望的潜意识反应、我们对物质保障的欲望、我们所做出的害怕被打破的承诺、在一个我们是其一部分的系统中对危害的严重性缺乏了解，以及错位的利他主义。

苏珊很快又和我取得了联系。她一直在跟踪发生在立岩保护区的事件，并被神职人员和那些勇敢的、努力为保护这片土地付出、信心满满的人们鼓舞着。她明确表示，她将拒绝参与任何针对立岩水资源保护者的军事干预行动。她非常尊重水资源保护者们所采取的非暴力立场，她发现针对水资源保护者们的暴行是令人震惊的。

在这一点上，苏珊打算延续她作为一名医生的角色，“与那些最直接地被置于战争所引发的痛苦之中的人们在一起”。但她对持不同意见的人的承诺有了一个新的水准——积极地说出自己的想法。她写道：

> 我把保持缄默以及与军事法律保持一致的义务放在一边。对于因为这样做而受到纪律处分、军事法庭审判或开除，我全都接受。有时，我必须说出事实真相，只能选择忽略那些因为我的身份而禁止参与政治讨论的禁令。这感觉的确像是一个巨大的风险，让我感到不安，但我也坚信，在这样的困难时期，新的人生道路也会显现出来。

几周后，当我见到苏珊时，她有了一个新的决定，并且她已经迈出了第一步——以书面形式申请以正式军人的身份成为一名“出于道义原因而拒服兵役者”。她告诉我，军方正在巧妙地威胁她，想让她放弃她的“出于道义原因而拒服兵役者”身份声明，暗示她有心理问题。她看着我，我们都笑了。我知道她不仅仅是清醒的，更是在运用自尊和对原则的尊重，以正直的品行为导向做出了这个决定。

在探索如何走出她的困境时，苏珊经历了一个非常小心的辨别过程。她尊重自己这一深思熟虑的过程，没有急于下结论。在某个时刻，她意识到，为了与自己的价值观保持一致，她愿意承担违反军法的风险，忍受同事们的贬低。最后，她觉得唯一的选择就是申请“出于道义原因而拒服兵役者”身份。我知道这个决定来之不易。

我从苏珊和其他人那里了解到，尊重和不尊重与其他边缘状态并存于复杂的生态系统中。不尊重他人往往表明缺乏健康的利他主义、共情和正直品行。有意识地激活这些品质可以帮助我们从不尊重转回到尊重。不尊重也会导致道德上的痛苦，就像苏珊一样，我们体验到的是对正直品行的侵犯。我们工作和服务的地方可能就是产生欺凌行为的沃土，如果我们受到骚扰，很快就会变得精疲力竭。而那些精力和体力透支的人道主义工作者、军事人员和护理人员，也容易把他们的沮丧情绪发泄到他们的同伴、上司，甚至是那些服务对象身上，以不尊重的态度对待他们。

相反，尊重能给其他四种边缘状态注入力量：利他是对尊重的有力表达；共情是通向对他人的无条件关心的门径。那些能够成就健康的个人、组织和社会的道德和伦理原则，都有尊重贯穿其中；尊重能够强化参与性。我经常想到一条以不同形式为许多不同文化所共享的伟大的金科玉律——己所不欲，勿施于人。这句格言体现了对他人的尊重、对原则的尊重，以及对我们自我的尊重。

支持尊重的修习

我们如何以一种巧妙的方式来处理不尊重——不管是我们感觉它在我们自己的内心产生了，还是我们遭受到来自他人的不尊重？什么样的修习可以支持我们？基于尊重的修习可以帮助我们培养更多的尊重吗？

戏剧三角形

在善巧禅修中心的佛教传教者培训项目中，我们向学生教授了斯蒂芬·卡普曼（Stephen Karpman）的“戏剧三角形”（Drama Triangle），我们用它作为一个社会模型来分析和处理动态人际关系中的不尊重、恐惧和去权。无论是在工作中或家庭生活中，还是在我们的友谊中，大多数人迟早都会陷入“戏剧三角形”这样的关系中。虽然它本身不属于佛教，但这个模型有佛教的倾向。它能帮助我们意识到，我们对有害的人际互动那种习惯性的、基于恐惧的反应。该模型还提供了一个视角，支持我们更深入地了解我们到底是谁。

“戏剧三角形”描绘了人们陷于迫害者、受害者和救助者这三种角色中。当一个迫害者与一个受害者陷入对抗时，或者当一个受害者察觉到甚至寻求迫害者的攻击时，戏剧往往就开始了。受害者觉得受到了威胁和不受尊重，就会向救助者或救助志愿者寻求帮助，以摆脱这种状态。救助者通常认为他们的行为是出于利他主义，但这往往是一种病态的利他主义——对救助者来说，这是一种自我强化，是让受害者继续依赖他们。

随着人们饰演他们各自的角色，这种三角关系就会失去稳定性；这种格局变化迟早会发生，人们扮演的角色也会随之改变。例如，当救助者开始憎恨受害者的需求时，他可能会转变成受害者角色，而受害者会成为新的迫害者。救助者可能会愤怒地爆发，变成迫害者。迫害者可能自称受到了迫害，扮演起受害者的角色。事实上，扮演任何一个角色的人都可能转变成其他角色。

“戏剧三角形”和霸凌之间的联系是显而易见的。迫害者和受害者是造成横向敌意或纵向暴力的必要因素，而这种敌意正是吸引救助者的原因。同样，一个感到被欺压或受威胁的人，也很容易转变成迫害者的角色，羞辱并指责原来的迫害者。或者，救助者也可以用假扮的尊重作为借口充当迫害者。

支撑起“戏剧三角形”的是个人责任和权力之间的联系。受害者不愿以自己的力量来负起责任，而是试图找一个救助者来搭救他们。救助者不为自己负责，而是为认定的受害者负责。迫害者也拒绝为他们自己的行为负责，否认痛苦是由他们造成的。

要打破这种角色错位的局面，我们就需要从更广阔的视角来看问题，然后为我们处于困难中的角色承担起责任。在善巧禅修中心的佛教传教者培训项目中，弗利特·摩尔（Fleet Maull）对如何走出“戏剧三角形”关系提供了很好的指导：对那些触发我们的状况保持注意、保持镇定；不要主观地看问题；不要假想；要保持良好的内部和外部界线；建立并保持清晰的约定；必要时重新协商约定；正确看待事物。此外，还要具备以下素质：认清自身弱点、有责任感、有自我责任感、信任、保持联结、无所畏惧。

“言语的五位守门人”

能与“戏剧三角形”协力的一个强有力的素质是正语（Right Speech），这是一项佛教修行，是实现联结和关爱的基础之一。当美国的禅宗师父开始深入探究语言在我们所处的社会体系中的作用时，我们意识到，在家庭结构、工作场所和我们的宗教团体中，不尊重和贬低是多么常见。我们开始使用“言语的五位守门人”作为正确沟通的工具，这些把关提问都源于佛教的教义。修习它，就意味着我们在开口之前要考虑：

这是真的吗？
这是善的吗？
这是有益的吗？
这有必要吗？
时机合适吗？

我们通过这些问题能深入探究，此时想说的话是否有必要，以及是否真的有用。这真是我们需要以言语的力量促使情况好转的时刻吗？我们的反馈会不会被认为是恃强凌弱，是对他人的不尊重，或者可能削弱他人的力量？

然而，在回答这些问题的时候，我必须记住一行禅师多年来一直强调的“正语”的一个重要因素：在遭遇不公正、不尊重、伤害、虐待、骚扰、暴力的情况下，我们有责任以慈悲的名义大声地把伤害说出来。一行禅师这样解释有关正言的佛教戒律：“不要为了个人利益或是给人留下深刻印象，而去说一些不真实的事情；不要说会引起分裂或仇恨的话；不要传播你不确定的消息；不要批评或谴责你拿不准的事情；说话要诚实，要有建设性；要有勇气说出不公正的情况，即使这样做可能会威胁到你自己的安全。”正言，就是勇敢的言说。慈悲和无所畏惧的言说是建立在真正尊重的基础之上。这也是我们走出“戏剧三角形”的一条途径。

与他人换位思考

共情、善良、洞察力和慈悲是消除不尊重的良药。当意识到这一点，我发现“与他人换位思考”的修习对深化尊重有很大帮助，在受到不尊重时也有助于培养智慧，增强韧性。

这种修行是由八世纪的印度佛教僧侣寂天菩萨提出的，他写了一本《入菩萨行论》。

首先，我们要回顾自己的愿望，要有益于他人，每个人都想摆脱苦难。

然后，让我们诚实地思考：我们自己的自私自利和自我珍惜怎么就没有给我们带来真正的幸福？是什么滋养了我们的幸福，让我们一直尊重、爱和关心他人？

通过深入观察，我们也应该看到，每一件对我们有益的事情都来自外界，无论是我们的身体、我们吃的食物、我们穿的衣服，还是我们住的房子，甚至是我们呼吸的空气。

因此，重要的是要认识到，从某个角度看，自我与他人没有区别，所有的生命和事物都是相互依赖的，值得尊重和关爱。

虽然大多数人关注的往往都是自己，但现在则要把注意力和爱聚焦到他人身上。

在把珍惜自我转变成珍惜他人这部分修习中，我们心里要装着那些正在遭受痛苦的人。想象你就是这样的一个人，过着他们那样的生活，遭遇到他们那样的困难。

把他们的痛苦想象成黑烟，吸进你的肚子里。想象当你向外呼气的时候，再把所有的好品质都送给这个人。

经过一段时间的修习，回到你自己广阔的内心，让自己栖息于绝对的存在中。

此时，你的美德就是为他人的福祉而奉献，这样修习就可以结束了。

这是一种培养我们对他人的爱和尊重的十分有效的方法。

在尊重边缘的发现

在佛教中，我们试图深入探究每个人痛苦的根源。我们可以在霸凌者、暴君、施虐者中认出鸯掘摩罗，这样的人需要合适的环境来重新发现自己究竟是谁。还有天魔（Mara），他在佛陀的生活中反复出现，试图威胁他。就像一行禅师所写的，佛陀会这样回应天魔："嗨，老朋友，我了解你。"天魔就会逃走。

故事的另一个版本是这样说的。佛陀向天魔列举了自己可用以战胜他的个人力量："因为我有信仰和能量 / 我也有智慧……所以你们这群魔虽然是世界上所有的神都无法击败的，但现在我能用智慧击败你们，就像用石头打破陶罐一样容易。"战胜天魔之后，佛陀被称为"胜利者"，意思是他已经克服了所有障碍。他有能力转化自己内心的痛苦。

天魔是代表我们痛苦、仇恨、贪婪、困惑、妄想和恐惧的原型。也许当我们遇到自己的天魔时，可以满怀慈悲地说："嗨，老朋友，我了解你。"我们抵制住了欺压别人的冲动，仍然把理解和尊重作为立足的基础。我们也可以用佛陀关于信仰、能量和智慧的准则来克服我们个人的天魔，从而获得自由。

在《精勤经》（*Padhana Sutta*）中，天魔抱怨道："我花了七年时间来追寻佛陀的每一步。然而，当与醒着的佛陀在一起时，我没有任何机会。就像一只乌鸦在一块肉色的大石头上跳来跳去，心想'我们也许能找到一点美味佳肴'，然后失望地飞走了。我也心怀厌恶地离开了达摩。"

不要让那些暴君尝到任何甜头！就要做一块肉色的石头！无论是对于隐藏在

我们内心的暴君，还是对于外部攻击者，我们都必须先要深入了解自己。我们先可以试着培养对内心的暴君所遭受的痛苦和妄想的、无所畏惧的慈悲之心。这样，我们就可以获得我们所需要的洞察力，以避免助长我们思想的压迫状态。我们也可以培养对自己的慈悲心，欣赏自己的优点。当我们有很强的自尊心时，就不需要诋毁别人了。

当我们正站在向不尊重的深渊倾斜着的边缘时，不安感足以让我们转向内心，去发现我们对他人的同情；去发现我们如何才能通过尊重和爱的力量，去改变那些艰难的关系和制度。这些体验可以成为改变我们习惯性反应的一扇门，让我们学会有技巧并且富有同情心地沟通，实现与我们的人类同胞乃至一切生灵之间的相互联结的治愈力量。当我们学会提升他人时，也提升了自己。

第5章

STANDING AT THE EDGE

投入

忙则茫。

几年前，在善巧禅修中心，我注意到年轻的墨西哥工人何塞正在慢慢地、小心翼翼地打黏土砖，准备用于改建我们的一座房子。在这一改建项目的整个过程中，不管是铺设管道还是为墙壁抹灰，他始终都专心致志地工作，脸上还常常带着笑意。在项目结束时，我邀请何塞留下来给我们做专职万能工。

何塞融入了善巧禅修中心的日常生活，激励着我们的住院医生和客人们。有一天，当与何塞一起在花园干活时，我想到了 17 世纪时，日本的松尾芭蕉（Matsuo Bashō）禅师与一位僧人的交流。“你修行的本质是什么？”这位僧人问芭蕉禅师。芭蕉禅师回答说：“需要的任何东西。”就像芭蕉禅师一样，何塞也是哪里需要去哪里，他不仅是在做一份工作，更是把自己变成了一种存在，他的工作似乎成了一种精神修行。无论何塞是在维修水管、处理电力故障，还是在做防洪工作，他在工作时，似乎都是完全与工作交融在一起，没有感到什么压力。

当然，何塞并不是在一间坐满叛逆青少年的教室里工作，也不是为那些垂死之人治疗顽固的疼痛，更不是应对失业选民们的情绪性要求。那些每天都要在令人痛苦的环境中工作的人，有感到疲惫和沮丧的风险。不过，我相信，积极投入对所有职业都有正面效果。

我有一位同事在一所低收入社区的小学工作。她总是在开始上课前先领着孩子们进行冥想练习。教室里，墙上挂着孩子们的画，窗台上摆满了茂盛的植物。她的学生的数学成绩在同龄人中名列前茅，她把这归功于以冥想开始新的一天。她还告诉我，她自己的日子也过得不错。我与一位来自“铁锈地带”[①]的政客关系密切，他似乎从不背弃选民们的要求。我听说他几乎总是面带微笑，即使是在处理华盛顿的复杂事务时也是如此。他长期修习冥想。

此外，还有一位首席执行官，她将公司的工作重点转向利润分享和共同

① 铁锈地带最初指的是美国东北部五大湖附近，是传统工业衰退的地区，现可泛指工业衰退的地区。——译者注

愿景。她同时抚养了四个健康的孩子，自己也朝气蓬勃。还有一位肯塔基州的农民诗人，即使附近的山顶遭受了风灾，他仍然坚持自己的环保责任原则。他的幽默、对过度科技的厌恶、对土地的热爱和诗意，让他保持着身心平衡、睿智和生命力。

我从他们所有人身上都学到了不少东西，从何塞身上学到的尤其多。我逐渐认识到，我们更深层次的身份不在于我们是做什么的，而在于我们如何把握我们所做的事情——我们如何从事我们的工作，无论是砌砖、制定法律，还是陪伴垂死之人。

心理学家克里斯蒂娜·马斯拉奇（Christina Maslach）博士用“投入”（engagement）这个词来描述我们与工作和服务之间的健康关系，以及与他人之间的关系，而倦怠则是由于我们与工作之间不健康的关系而产生的疲劳和沮丧。当我开始审视投入和倦怠时，我意识到投入也是一种边缘状态。

当我们站在投入的坚实根基上时，就能从工作中找到力量。我们为他人服务时可能会遇到困难时刻，但总的来说，我们会全身心地投入我们所做的事情中，并从中得到满足。我们的生计提高了我们的生活质量，更为理想的是，也在同时提高了其他人的生活质量。然而，当我们工作时间过长，令人无法承受，而得到的情感回报又少，或是当我们觉得我们的努力没有给别人带来积极的改变时，这些因素就会把我们推向我们所能承受的极限。这时，我们很容易就会跌落到崩溃的边缘，从而陷入倦怠的凄凉心绪，感到厌倦和沮丧，也失去了工作的心情和感受，以及服务的欲望。过度工作对我们的侵犯会成为习惯性的，会造成我们精疲力竭，这是个难以爬出的沼泽。有些人陷入其中很多年，无法重新点燃自己的激情。然而，一旦我们找到了真正摆脱倦怠的方法，重新操上一种利人利他的生计时，就会生出韧性，甚至连智慧也会失而复得。

站在投入的边缘

在佛教中，有一个关于百丈怀海禅师的著名故事，他生活在中国唐代。像每个勤劳的中国人一样，他一生中的每一天都在工作——除了有一天，他的僧众把工具藏了起来。那时，百丈年事已高，大家认为他应该放松一下。不过，百丈并不欣赏这个恶作剧。他抗议说，没有工作，他就没有德行。他说："一日不作，一日不食。"他开始以绝食抗议，直到僧众让步，让他继续工作。在 1200 多年的时间里，百丈的格言成了禅宗的指导原则—— 一种禅宗的职业伦理，一种敬业的伦理，一种"服务至上"的伦理。

能量、参与、效能

根据职业倦怠方面的著名专家马斯拉奇博士的说法，我们对工作的投入程度会通过能量、参与和效能等特征表现出来。当我们投入工作时，就会从中得到滋养。我们有实现工作成果的主动性和手段。我们有这样一种感觉：我们的工作能对他人、我们自己，乃至对整个世界都产生影响。虽然经历挫折和阻力是正常的，但我们对工作的投入（但愿还有对工作的热爱），给予了我们力量和智慧，让我们能够在不那么顺遂的时候乘风破浪。

在我和本笃会修士大卫・斯坦德尔–拉斯特（David Steindl- Rast）一起授课的一个项目中，他和我们分享了一个观点，即倦怠的解药不一定是度假。"其实是全心全意！"他笑容满面地高声说道。我喜欢"全心全意"这个词，因为它意味着我们全身心地投入。它指向一种与我们所做的工作心意相联、真心热爱的感觉。在随后的一次谈话中，大卫・斯坦德尔–拉斯特分享了他避免倦怠的个人策略。

诗人大卫・怀特（David Whyte）讲述了当他向大卫・斯坦德尔–拉斯特咨询时的一次关键对话，后者向他指出：

> 你实在是太累了，因为你在这个组织中的大半工作都与你真正的力量或

> 是你在生活中已经达到的位置没有什么关系。你在这里只是半心半意，持有这种心态不久之后就会让你失败。你需要一些能让自己全力以赴的事情……当在地上时，无论是敲打它的背，再走快一点，还是尽力把状态调整好，都难以让天鹅显得不笨拙。天鹅属于水的世界，到水中，它自然就不笨拙了。一入水，天鹅的优雅和风度就回来了。对你来说，也需要找到属于自己的生活海洋，这将改变一切。不过，必须让你从你现在所站立的地方走向那片生活之海，这可能很难。尤其是当你认为可能会被淹死的时候。
>
> 这会让你自己紧张、失望……拿出勇气来！“勇气”（courage）这个英语单词来自古法语单词“coeur”，也就是“心”（heart）。你必须做一些发自内心的事情，而且必须尽快做。付出所有努力，俯下腰身，不管有多尴尬，尽快投入你所钟情的工作海洋中去。是的，在真正属于自己的工作成熟之前，可以退而求其次先立住脚跟，但一旦当它成熟完满显而易见，你就必须抓住它。此时，你已经成熟了，正在期待着被这份工作接纳。你的疲惫是内在发酵的一种形式。你已经慢慢地从藤上开始腐烂了。

从藤上开始腐烂了，真是这样！为了避免这种不幸的命运，我们必须全身心地投入到我们为自己和世界工作的海洋中去，努力实现自身的圆满，做到全身心的服务。

马斯拉奇博士说，那些与工作保持着积极联结并能从中找到使命感和主观能动性的人，更不容易感到倦怠。他们沉浸在生命的海洋中。研究人员阿亚娜·皮内斯（Ayala Pines）对保险代理人展开了研究，这些人的工作在一般的观察者看来可能显得单调乏味。她发现，经历过与火灾或洪水保险有关的创伤体验后留下的保险代理人，可以长时间地工作且不显疲态，因为他们对这个职业有一种深深的使命感，相信他们的工作是真正为人们造福的。

为什么同样的工作会让有些人感到倦怠，而对有些人而言却并非如此呢？有一个家庭的故事让我很受启发，这家人似乎只对那些很少有人能应付得了的工作感到振奋。2012 年，科里・萨尔切特（Cori Salchert）和她的丈夫马克开始收养他们所谓的“临终关怀婴儿”（hospice baby），这些孩子的生命已经进入倒计时。萨尔切特夫妇已经有了八个亲生孩子，但他们觉得还是有必要收养这些孩子，尽管这些孩子的父母已经放弃了他们，不管是因为无法应付复杂的照护，还是难以接受孩子的生命即将走向终结这个结局。

科里・萨尔切特曾是威斯康星州希博伊根县一名从事产期前后丧亲者照护工作的护士，她有处理这个问题的专门知识。更重要的是，她还有一颗善心。她的家庭收养的第一个临终关怀婴儿，是一名只有两周大的无名女婴，生下来就患有严重的大脑异常。他们给她起名叫埃玛琳。这孩子只活了 50 天，最后死在了科里的怀里。“埃玛琳只活了 50 天，但她比很多度过漫长一生的人活得更圆满。”科里说。

接下来，这家人又收养了查理，他是一个需要接受生命支持的 18 个月大的婴孩。尽管他始终需要连着生命支持设备，这家人还是尽量带他出去走走。科里告诉希博伊根当地的媒体说：“他的确会死去——这是无法改变的，但是我们可以让他的生活有所不同。对于查理来说，不同之处就在于，他在死前会得到爱。”

这是一个关于利他主义的故事，也是一个关于勇气和无私奉献的故事。萨尔切特一家是真正地沉浸在生命的海洋中，即使他们见证的是濒死和死亡。这个非凡的家庭是如何坚持下去的？又是如何让这团热情之火始终熊熊燃烧的？科里谈到了一家人强烈的使命感和基督教信仰的力量。他们也拥有彼此——整个家庭都对这种无条件的爱和联结的体验敞开了胸怀，这些都是抑制倦怠的因素。

我经常想起伟大的苏菲派诗人贾拉尔・阿德丁・穆罕默德・鲁米（Jalāl ad-Dīn Muhammad Rūmī）曾经说过的一句话：“让我们热爱的美成为我们的所为。跪下来亲吻大地，有成百种方式。”这个家庭为这些垂死的孩子所做的一切是美好的。这种美与全心全意是分不开的。

忙碌的礼物

我毫不怀疑萨尔切特一家会为此忙得不可开交，照顾垂死的孩子需要投入大量时间，会有数不清的大事小情需要打理。然而，在我们的文化中，忙碌是一种既有利又有弊的现象：它可以是一种健康投入的表现，是一种深层次服务的方式，是灵感和信仰的结果；它也可能会让人成瘾，会让任务清单越拉越长，也会让各种约会和令人分心之事会越来越多；它甚至可能会兼具这两种表现。

从某种意义上说，忙碌是在多巴胺这种神经化学物质刺激下的一种寻觅行为。多巴胺让我们有动力、有欲望、有追求。它提升了我们的唤醒程度，让我们更加兴致勃勃。我们可以称它为大脑这个搜索引擎的燃料。它还可以改善我们的思维过程，为我们的情感生活带来更多能量。神经科学表明，通过产生这种神经化学物质，我们积极追求的行动不仅能帮助我们实现目标，还能提高我们的心理满足感。

最近一项针对美国中老年人群的研究表明，忙碌和投入能对心理功能产生有益的影响。在一项研究中，那些超过 50 岁的、生活忙碌的人在一系列认知功能测试（包括大脑处理速度、对特定事件的记忆、推理能力和词汇量）中都表现得更好。

这项研究让我想起慈善家劳伦斯·洛克菲勒（Laurance Rockefeller），他一生中的大部分时间都在工作，还长期进行冥想修习。甚至到了 90 多岁时，他还积极投身于从生态保护到风险投资、从商业到佛教的各个领域。在他 94 岁时的一天，他像往常一样去了洛克菲尔勒中心的 5600 号房间。在上午晚些时候，他感觉有点不舒服，就回家休息了。没过多久，他平静地离开了人世。他一生敏锐、积极、好奇、充满幽默感，直到生命最后一刻都是如此。

我很幸运能在洛克菲勒先生晚年时结识他。当我创建善巧禅修中心时，他曾指导我如何将其建成一家非常稳健、繁荣的机构。我从洛克菲勒先生身上学到，为了避免倦怠，重要的是要培养欣赏、感恩、幽默和好奇心等品质，还要对所发生的事情保持开放心态和冒险的意愿。他还教导我，重要的是不要对自己或他人抱有过高的期望，不要执着于结果，而只是尽自己最大的努力去造福他人就可以了。事实证明，他的经验教训对我而言非常宝贵，在善巧禅修中心成长为一个大型组织的过程中，我的领导力得到了提升。

多年来，我一直全身心地投入对这个组织及其成员的照顾中，坚持进行专注的冥想修习，在世界各地教授冥想，并从事一些服务项目。这对我的身体健康大有裨益。我热爱我的工作。我珍惜我的学生，以及我的学习、我的修习。对任何年纪的人来说，这都是充实而真实的生活。研究表明，即使是我们在准备演讲或要赶在截止日期前完成任务时感受到的压力，对身体的有益影响也与锻炼带来的压力类似——它能调动免疫细胞，增强记忆力和学习能力。到目前为止，就是这么完美。

我相信，当我们能够给工作注入一种联结感和使命感、奉献精神和全心全意、信心和喜悦，就能站在健康的投入程度的边缘上。然而，如果我们的工作被赋予了强迫和上瘾的色彩，我们就会陷入多巴胺分泌的循环，嘴里还会因为恐惧而冒出铁锈味道。马斯拉奇博士告诉我们说，此时愤世嫉俗和倦怠往往就会随之而来。

工作与我们的能量有关。甚至“工作”（work）这个词也和“能量”（energy）这个词有相同的词根。通过工作，我们给世界、他人及自己赋予能量。

我告诉我的学生们，让自己去工作，去那有意义且充满活力的边缘吧，付出自己最大的努力。好好利用你的每一天，真正造福他人，给自己带来快乐。在我看来，生活中没有比为了他人和世界的爱，而健康地、投入地工作更有价值的事情了。

因此，无论你是一名临床医生、教师、首席执行官、人权工作者、砖瓦匠、艺术家、母亲，还是修行的禅师，我都会说，认真地去做吧！一定要全心全意——“让我们热爱的美成为我们的所为”。

从投入的边缘坠落：倦怠

当我们的投入失去平衡，当我们的工作似乎是受到恐惧、空想或强迫的驱使时，我们就很容易变得倦怠——疲惫、悲观、愤世嫉俗，甚至是身体疾病的黯淡体验，还不时地感觉到那种工作对任何人（包括我们自己）都无法带来任何好处的无用感。

当试图理解职业倦怠的体验时，我通过阅读了解到了让这个词变得出名的那个人——赫伯特·弗罗伊登伯格（Herbert Freudenberger）的生活。当我仔细思考他个人生活经历的细节时，我认识到，也许弗罗伊登伯格博士本质上并不是因为倦怠而痛苦，而是因为在研究中的投入到了痴迷的程度，才表现出了这样的发展进程。

弗罗伊登伯格出生于德国的一个犹太家庭，比希特勒上台执政仅早七年。在他家的家族工厂被没收、他的祖母被纳粹分子殴打之后，12 岁的弗罗伊登伯格用父亲的护照独自离开了德国。他乘船去了纽约，和继父的姊妹住在一起。这位继姑妈把他关在阁楼里，当意识到他父亲不能像原来承诺的那样向她支付照顾孩子的费用时，便让他睡在一把有着直溜溜椅背的椅子上。弗罗伊登伯格在 14 岁时逃离了这个难以忍受的环境，在被一位堂兄收留之前，一直睡在曼哈顿的大街上。

在他父母最终来到美国后，弗罗伊登伯格在一家工厂找到了工作以供养他们。与此同时，他还在布鲁克林大学上夜校学习，并在那里遇到了著名的心理学家亚伯拉罕·马斯洛（Abraham Maslow）。马斯洛鼓励他学习心理学，并成为他的导师。弗罗伊登伯格在坚持兼顾工作的同时，拿到了硕士和博士学位。

在上述背景之下，弗雷登伯格在 1958 年成功地开展了一项精神分析实践。20 世纪 70 年代，他开始在东哈莱姆区（East Harlem）为滥用药物者开了一间免费诊所。那时，在办公室工作一整天后，他仍要继续做志愿者。在免费诊所和其他治疗机构中，弗雷登伯格观察了当那些心理健康和药物滥用咨询师们对病人的治疗结果感到沮丧时，会发生什么状况。1974 年，也许是受到格雷厄姆·格林（Graham Greene）的小说《一个自行发完病毒的病例》（*A Burn-Out Case*）启发，他引入了“倦怠”（burnout）一词。这项工作使他成为全美最杰出的心理学家之一。

弗罗伊登伯格是个拼命三郎，每天工作十四五个小时，每周工作六天，一直坚持到他 73 岁去世前的三个星期。正如他的儿子接受《纽约时报》记者采访时所说的那样：“不幸的是，早年生活的阴影从未真正离开过他。他是一个非常复杂的人，年幼时的经历让他内心充满矛盾。他几乎没有童年。他只是个幸存者。”我们当然想弄清楚，在研究倦怠的过程中，他真正的研究对象是不是他自己——或者他是否能够保持健康的投入状态？无论如何，研究职业倦怠成了他的事业和职业身份。

弗罗伊登伯格将职业倦怠定义为“由于职业生活而导致的精神和身体上的疲惫”，以及“动机或干劲的消失，尤其是当一个人对一项事业或一段关系的投入未能产生预期结果时”。根据弗罗伊登伯格和他的同事盖尔·诺斯（Gail North）的研究，倦怠往往有着相同的故事情节：我们认为通过全身心投入工作来证明自己的价值是很有必要的。我们如此努力地工作，以至于与家人和同事之间产生了冲突。我们因为缺乏睡眠而在工作中犯错。努力工作成为我们新的价值体系。随着我们的视野变得狭窄，我们否认了自己正在出现的问题。别人看清了我们的处境，但我们自己没有。我们远离所爱的人，变得越来越与世隔绝。我们感到冷漠，越来越失去个性。为了填补内心的空虚，我们可能会变得上瘾。我们感到抑郁，可能经历精神和身体崩溃，在极端情况下，甚至可能想要自杀。

谁倦怠了

1981 年，马斯拉奇博士与人合作开展了一项名为“工作倦怠量表”（Maslach Burnout Inventory，MBI）的详细调查。MBI 被视为心理学关于倦怠的标准，它会询问患者对三个主要因素的感觉：情绪衰竭、愤世嫉俗和徒劳［这些因素与她用来定义投入的那些因素（能量、参与和效能）是相反的］。

这些因素在一定程度上与职业和生活方式有关。第一个因素是情绪衰竭，倾向于影响那些从事高情绪需求职业的人们，如医疗、社会工作，以及需要采取积极行动的领域和教育行业。它还会影响那些较少得到社会支持的人，包括单身人士，以及那些潜在患有抑郁症和焦虑症的人。

第二个因素是愤世嫉俗，它倾向于影响我们当中那些理想主义色彩更浓厚的人们（包括年轻人）。当现实不符合他们的期望时，他们很容易幻灭。

任何人都可能更容易感知到第三个因素——徒劳，这是一种普遍的无能为力感，即本打算实现某个目标，但正走在通向失败的路上，尽管已付出了最大努力。这样一来，我们很快就会转入低潮，认为工作简直毫无意义。这些都是危机的先兆，尤其是当我们的自尊和身份与工作密切相关的时候。如果我们觉得工作毫无意义，那么生活又能有什么意义呢？

我不知道因工作而感到无力、沮丧和愤世嫉俗是什么感觉，但我听到过成百上千的人被这些症状所折磨的可怕故事，其中包括社会工作者、监狱看守、教师、急诊人员、医生和护士。职业倦怠是一种存在于任何职业、任何国家的职业危害。对纽约公立学校教师的统计数据显示，有 45% 的教师在五年内离职，原因可能就是职业倦怠。医学界职业倦怠的盛行导致了惊人的高自杀率：男性医生自杀的可能性是普通男性的 1.4 倍；女性医生自杀的可能性是普通女性的 2.3 倍。

职业倦怠也容易影响那些在组织中位居高压力岗位的人员，如首席执行官、律师、高科技工作者和华尔街银行家，他们每天晚上把工作带回家，并感到巨大的工作压力。由于智能手机常常陪在人们身边，因此很多人觉得他们连晚上也无法逃离工作，睡个好觉。研究表明，当我们只是为了钱工作，而不是为了更高的价值观，比如帮助他人或创造满足感而工作时，那么往往会更快地感到倦怠。

职业倦怠是如此普遍，以至于如今已经出现了一个关于职业倦怠的行业：在美国，围绕着治疗职业倦怠和工作创伤，出现了一个由教练、治疗师、咨询师和医生组成的行业。

忙瘾

至少从天主教圣杰罗姆时代起，忙碌就已被视为一种美德了。他有一句名言："游手好闲者必惹是生非。"新教也把工作视为人内在的美德。著名的新教职业伦理强调，生产能力能降服魔鬼。受这些因素及其他因素的影响，工作已经成为我们文化的一个核心方面和当今美国人的个人身份标签。我们所做的工作，我们在工作上花费的时间，我们取得的工作成就，是很多人自我评价的关键因素。我们的自我意识和自我价值感都被卷入其中。我们问新认识的人的第一个问题常常是"你是做什么的"，我们倾向于根据他们的回答来形成对他们的看法。

工作对我们来说是如此重要，因此对工作的狂热已经成为职场地位的象征，同事们经常为前一天晚上加班到多晚或周末工作了多长时间而互相攀比。事实上，无论是西方还是东方，在许多工作和服务环境中，工作狂都是很受青睐的。这是一种特别有潜在危害的上瘾形式，因为它得到了社会的理解——毕竟，它是能出成果的，而且许多人相信，工作具有内在的道德价值。对许多人来说，对工作和忙碌的沉迷已成为一种指导原则、一种宗教——但或多或少地缺乏真正的灵性。

托马斯·默顿（Thomas Merton）写道：

> 理想主义者最容易屈服于一种普遍存在的当代暴力形式——行动主义和过度工作。现代生活的匆忙和压力是其与生俱来的暴力的一种形式，也许还是其最常见的形式。让自己被许多相互矛盾的事情牵着走，屈服于太多的要求，投入太多的项目，想在每一件事上帮助每一个人，这就是屈服于暴力的表现。对行动主义的狂热使我们为内心平和所付出的努力付诸东流。它摧毁了我们内心追求和平的能力，也破坏了我们工作的结果，因为它扼杀了使工

作取得成果的内在智慧的根基。

我也欣赏教授兼作家奥米德·萨菲（Omid Safi）的话："我们生活在一种崇尚行动的文化中。我们把自我意识简化成了我们为谋生所做的工作。在公开场合显得忙碌，成了我们相互之间标榜自我重要性的方式。人们越是认为我们疲惫不堪、精疲力竭、过度劳累，就越是认为我们一定是……必不可少的。我们很重要。"

几年前，我在美国国会图书馆有一间办公室，旁边就是乔治·克劳索斯（George Chrousos）博士的办公室，他是一位专门研究压力的内分泌专家。我问他，人们是否会对自己的神经递质上瘾？他斩钉截铁地回答："当然会。神经递质这碗生化鸡汤很容易把我们激发起来，让我们在多巴胺循环中形成对奖励的强迫性的期待和追求，会让我们感到严重的压力。"

几年后，我在印度达兰萨拉（Dharamsala）的一次心灵与生命会议上遇到了肯特·贝里奇（Kent Berridge）博士。他给我们看了一段他所做的实验中的老鼠的视频，这些老鼠受到刺激，渴望盐水，尽管它们天生不喜欢盐水。老鼠陷入了上瘾的循环。贝里奇博士评论说，即使是在并不愉快的情况下，食用某种物质也会引发对其更多的消费。

同样，忙碌激发了我们对更忙碌的欲望，即使随着时间的推移，这些强迫性活动也会变得越来越不令人满意，压力也越来越大。已经有更多了，但是人们还是觉得不够。当我们在享乐的跑步机上不停地迈步时，注意力就会完全被无休止地寻求刺激（甚至是不愉快或有害的刺激）所吸引，为此，我们甚至可能会从亲密情感和人际联系中退隐。

当工作占据了我们的生活和内心，我们就会变得像饿鬼一样。这是传统佛教中一个典型的人物原型，他被困在贪欲和上瘾的享乐跑步机上，停不下来。这是一种贪婪的动物，四肢瘦削，脖子细如发丝，肚子鼓鼓的，嘴巴很小，但胃口永远也填不满。更让人不安的是，凡是被这饿鬼塞进嘴里的东西都会变成毒药。工作狂把我们带进了饥饿幽灵的恶性地带，正如我们把越来越多的工作时间和无休止的活动塞进嘴巴，让胃塞满了会导致倦怠的化学毒物。

喝下工作压力的毒药

2015年盖洛普民意调查发现，有48%的美国人觉得他们没有足够的时间去做真正想做的事情。在过去的15年里，这个比率基本保持稳定。皮尤研究中心（Pew Research Center）同年所做的一项调查显示，有90%的职场母亲表示，她们或是时而会忙，或是一直都很忙。

对我们中的一些人来说，这种内在的压力从大学甚至高中阶段就开始了。我们似乎很珍惜赫尔曼·黑塞（Hermann Hesse）所说的那种"雄心勃勃的匆忙"。我们的课程负担很重，要开夜车写论文，要复习准备考试。这种模式会一直延续到课堂学习结束后的实习培训阶段，比如住院医生会上夜班，还会两班倒。在我们的职业或者服务生涯中，工作时间通常会变得越来越长。我们很多人一开始都喜欢这样。专心致志地沉浸其中，再加上压缩睡眠时间，这会让我们进入一种大不一样的生活状态，让我们充满活力。压力会促进多巴胺释放——当快感消退时，我们需要再来一波。因此，关于为何在美国会有1000万人每周工作超过60个小时，有34%的员工甚至连一天的规定假期都不休就不难理解了。

在旧式英语中，"bisig"这个词的意思是"小心翼翼的、焦虑的"，而由这个词衍生而来的"busy"（忙碌）这个词，其词义就向不同方向演变了，但我认为，这个词还残留有不止一丝的"焦虑"气息。我们感到时间紧迫，而时间紧迫又使我们长期处于匆忙状态，最终，具有讽刺意味的是，这使我们的时间效率降低了。人类的大脑对贫穷会产生某种反应：我们认为自己拥有的某种东西太少，因此会非常渴求得到它，以至于其他能力和技能都受到了影响。时间紧张会导致皮质醇的释放，这是一种或战或逃的激素，时间一长就会对身体产生有害影响，包括削弱人的免疫系统。和多巴胺一样，皮质醇一开始是能激发活力的，而且起效很快，但它也会很快导致疲惫。同样，在短期内，身体会对压力做出很好的反应，但是如果压力长期存在，就会导致一系列健康问题。

长期的工作压力可能会让我们越过边缘，陷入倦怠的状态，进而还会发展到精疲力竭的状态，这是指一系列身体和情感症状，包括身体疲劳和绝望感。人在陷入精疲力竭的状态之后，心脏疾病往往就会接踵而至，这可能是其诱因之一。它还与自身免疫性疾病、抑郁症和认知障碍有关。

职业倦怠也常常与工作环境密切相关。据马斯拉奇的观点，这包括：在几乎没有得到社会支持、没有自主权或控制权的情况下工作；在不公平的环境中工作，或者在自己不认同的价值观之下工作；工作所获得的经济、社会或情感回报太少。马斯拉奇呼吁对工作环境及其与职业倦怠之间的关系进行研究。正如她在 1982 年所写的："你能想象，只通过研究黄瓜的特点来分析它们为什么会变成酸泡菜，而不分析装它们的醋桶吗？"不过，马斯拉奇强调，职业倦怠通常不仅是体制的"过错"，还是体制与个人之间的契合出了问题。

让我们变得倦怠对工作场所而言几乎是一件有益之事——它让我们变得如此麻木，以至于没有动力去改变助长倦怠的环境和政策。我们还可能会因此而得到酬赏、加班、优化工作，以及设置更高的生产目标（包括增加接诊病人的数量），这些都会得到赏钱，我们总归是吸食了工作压力和速度提高的毒品。这是一种系统性压迫，包括机构及其政策对其工作人员所造成的伤害。

投入和其他边缘状态

所有的边缘状态可能都会让我们变得倦怠。病态的利他主义和共情痛苦，以及道德上的痛苦和受到不尊重，都会让我们精疲力竭。当我们过度认同痛苦（共情痛苦）和过度工作以结束痛苦（病态的利他主义）时，倦怠往往会随之而来。当我们的正直品行受到损害（道德痛苦），或者我们遭遇对他人或自己的不尊重时，变得倦怠是很正常的。或者，如果我们受到系统性的压迫，或者遭遇基于特权和权力的结构性暴力，可能就会导致愤怒、徒劳和倦怠。

每年，我都受邀去日本教授临床医生们慈悲心养成的修习。我面对的往往是一屋子非常勤奋的医生和护士。他们告诉我，他们始终要做到随叫随到，每周至少要工作 60 小时，他们觉得在服务病人或工作单位方面，总有干不完的活。这些临床医生要面对来自内部和外部的迫切期待。在这里，过劳死是众所周知的现象。

有不少临床医生曾告诉过我，他们和那些正在遭受痛苦的病人有着强烈的共鸣。这就等于把他们拖下共情痛苦的滑坡，会让他们感到情感衰竭、愤世嫉俗和徒劳，这些都是职业倦怠的特征。有不少人讲过，他们对自己所在机构的价值观、同事的行为或被迫采取的医疗干预措施，会感到道德痛苦。

幻灭、玩世不恭和无意义的感觉常常随之而来，从而导致职业倦怠的产生。护士们尤其容易受到医生、护士同事甚至病人的欺负。在工作中成为不尊重和敌意的对象，这当然会让人身心疲惫。

几年前，几个日本护士告诉我，她们被一个患癌症的男性病人欺负了，护士们看起来都有点被他吓呆了。这种情况持续了很久，她们一天天忍受着这个病人的霸凌，已经精疲力竭。她们公开表示，被一个自己竭力提供帮助的病人不断地欺凌，这是她们难以面对的，也让她们感到绝望。她们快要被这个难缠的病人烤熟了、放倒了、整死了。

日本护士非常敬业，她们会竭尽全力照顾病人。然而，这些护士们也把自己累到山穷水尽，就像坐在墓地里一样黯然伤神。病态的利他主义、共情痛苦、道德痛苦和不尊重把她们压垮了，每个人都灰心丧气、心力透支。她们也为自己无法应付好这种状况而感到内疚和羞愧。她们告诉我，她们觉得自己辜负了病人，辜负了医院，辜负了彼此，也辜负了她们自己。

我和她们相处的时间很短。在听了每个人公开谈论她们的疲惫和绝望之后，我和她们一起重温了 GRACE 方法，即当我们与他人互动时培养慈悲心的方法。我建议，在见病人之前，先让自己的心镇定下来，在病房门前停下来，有意识地呼吸一会儿。此时可以想一想：自己为什么会选择去照顾这些垂死的人；提醒自己应该预计到他们可能会有什么样的反应；也应该想到这些病人此刻正遭受着什么样的精神和身体痛苦……这样，就能更客观地看待这件事情，也能让她们意识到，他的恐惧是可以理解的，从而把这种欺凌行为视为痛苦的一种形式：他将死于癌症，自己非常害怕；他很痛苦，无法忍受：他失去了控制自己生命进程和死亡方式的能力。

在与这些护士的交流快要结束时，我还建议她们把病人想象成一个无助而恐惧的婴孩。他很久以前就来这里看过病，可能是因为病情加重才重返这里的。此外，她们也可以考虑不把他的攻击行为个人化，要意识到如果和他针锋相对，那么显然会让事情变得更糟。与他交流时进行深度倾听是很重要的，护士们彼此之间也应该这样做。也许这样就能启发帮助她们，当遭受不尊重的风暴袭击时，如何建立起界线并照顾好她们自己，以及如何照顾好彼此。

后来我才知道，我们的这次交流对这个团体起到了很好的作用。当另一个有类似行为的病人进入姑息治疗病房时，她们已经能够缓解这种恐惧和无价值的感觉了，并能以更平衡的慈悲心对待这个病人了。

另一个关于倦怠的故事来自我的助手玛雅·迪尔（Maia Duerr），她在美国的心理健康系统内工作了 10 多年，最终陷入职业倦怠。这不是因为她与病人、同事的关系或工作安排，而是因为她对于这个令人担忧的系统的一些可以理解的看法。她写道："我目睹了病人从医院的旋转门走出来，回到他们的社区生活，却又在很短的时间内再次入院。在我看来，我们缺失了一个重要的环节。我的工作要求我为病人拿出'康复'的治疗方案，但我一直在思考的是，当一个人被他人回避、恐惧、同情、禁闭和施以药物治疗，以致到了被遗忘的程度，这究竟是如何影响他的心理健康状况的，这超过了病人所面临的任何心理困难。"

玛雅的正直品行被她工作场所的价值观和条件所侵害。她有理由感受到这种道德痛苦。在她看来，她的病人没有得到尊重，而是受到了严重虐待。此外，她无法改变其所服务的体制。有毒的工作环境对她来说是不可持续的，结果让自己精疲力竭。她辞掉了工作，但已经为此付出了沉重的个人代价。

权力、野心、竞争、对工作的沉迷、怨恨和恐惧也会让人精疲力竭。这些驱动力是自我毒药，会出现在边缘状态，具体症状包括：权力、野心和不尊重的怨恨，以及道德义愤和道德冷漠；沉迷于病态的利他主义与道德痛苦；病态的利他主义的恐惧，共情痛苦，道德痛苦和不尊重。

这种产生倦怠感的“应急文化”有很多促成因素，但也有让人恢复信任和人性的方法：将工作理解为正念修习；让我们的生活不仅对外部世界开放，也对我们的内心世界开放；确保我们的价值观与工作一致，也与幽默、玩乐和不工作相容！罗马诗人奥维德（Ovid）在《爱经》（*Ars Amatoria*）中写道：“休息一下吧，一块休耕过的土地才会有更丰饶的收成。”

我还有一个建议：我曾听哈佛商学院教授比尔·乔治（Bill George）提出这样一个重要但又经常被忽略的方法，可用于转化因工作意义缺失而导致的倦怠。他说，当我们看到我们在工作中所产生的积极影响时，愤世嫉俗、疲劳和无能为力的感觉就会消失，我们会受到鼓舞，以一种更加开放、专注、平衡和相互服务的方式工作。这可以成为一种药物，可以调节倦怠的火焰，并把它变成我们全心参与的激情。

支持投入的修习

我在 20 多岁时，曾在哥伦比亚大学的一个研究机构中工作过，那里的工作压力可不小。对我来说，一周工作七天、每天工作 14 个小时是很平常的事，而且我要以闪电般的速度手工进行卡方检验（一种统计检验方式）。我对自己所做的事情非常着迷，但我的这种工作方式并不完全可持续！

在哥伦比亚大学学习期间，我开始把禅修作为一种减压的方式，并希望将冥想修习与社会活动结合起来。所有修禅宗的学生迟早都会被分配到厨房去工作一段时间。当我最初在禅宗厨房工作时，我认为切胡萝卜的要点，就是要像我做卡方检验那样，以风驰电掣的速度高效完成就行了。后来我逐渐意识到，这并非根本要求。从禅宗的角度来看，切胡萝卜就是切胡萝卜。在我切了几千根胡萝卜后，我发现“切胡萝卜”这种修习有很多好处。

工作修习

在外人看来，切胡萝卜似乎是一项枯燥的任务，我很理解这种想法。然而，我的禅宗同修罗什·佐克苏·诺曼·费舍尔（Roshi Zoketsu Norman Fischer）将这种普通工作描述为冥想的手段和对他人的布施。费舍尔说，当我们把自己的工作当作一种布施时，我们是在为了他人的利益而自由地奉献。他写道：“作为布施的工作，是自我在工作活动中发光发热……完全不做任何保留。没有置身事外只作为观察者的感觉，也一定不会有任何正在修行的感觉。你要做的完全就是以良好的精神状态去做自己正在做的事情。”我想，这就是大卫·斯坦德尔–拉斯特所说的“全心全意”——真的是没有任何保留。做我们正在做的事情，燃烧自我，放飞自我。这样，我们就是在为生命而工作，而不是为生计而工作。

日语中“mujodo no taigen”这句话的意思是“在我们的日常生活中体道”，这也和大卫·斯坦德尔–拉斯特的看法相通。修习禅宗的人都知道，工作就是一种途径，是以一种专心、统一的姿态投入日常活动的途径。会有那么一天，厨房里的工作不再是一项任务，而成为一种修习，一种在服务他人的同时陶冶自我心灵的方式。胡萝卜、刀子和我是同一个东西，我们是完全联系在一起的。这种联系还包括，那些吃饭的人、种植胡萝卜的农民、把胡萝卜带到市场的卡车司机，以及阳光、雨水、土壤和其他一切。

稍微了解一下亚洲历史，可能会为我们把工作理解为修习的途径提供更多的背景。当佛陀在世时，梵文“bhavana”意为“耕作”，与农耕有关，包括耕田、播种、浇水、除草、收割，这样家人和村里的人就能有饭吃。佛陀扩大了“bhavana”的使用范围，把通过冥想来修身养性这层意思包含进来。这个隐喻甚至表现在僧衣上，它体现了稻田的意象。

2000 年前，当佛教僧侣刚从印度来到中国时，他们不事劳作；相反，他们从一个村庄流浪到另一个村庄，乞求施舍。但这在中国是不被接受的，儒家的职业道德重视日常劳动。因此，佛陀以农业为背景的佛教隐喻在中国流行起来，因为它们符合中国人的工作伦理："修身养性""播下佛陀教诲的种子"，以及"解放的土地"。

佛教的冥想修行与中国人的职业道德相结合，形成了我们现在所说的工作修习，或者把工作作为培养智慧和慈悲心的方法。在规模较大的中国寺院里，寺僧们都是自耕自足的。他们称其日常活动为"耕作冥想"。农业耕作是体现美德的、缓慢的、有益的工作，能修身养性，与此相同，也是体现美德的、缓慢的、有益的功夫。

那么，我们今天的生活又如何呢？我喜欢佛教师父克拉克·斯特兰德（Clark Strand）就"在生活中冥想"向世人提出的观点，他没有把冥想从我们的生活和生计中分离出来。"你在哪里冥想完全取决于你的冥想会有多有用。但我所说的'哪里'，并不一定是指住处中的哪个房间，或者你是否住在一个安静的地方。我只是说，你应该在你的生活场景里冥想。如果你是一名会计，就请在你的会计生活中冥想；如果你是一名警察，就请在你的警察生活中冥想。你想在哪里照亮你的生活，就在哪个地方冥想。"

因此，为了避免或者改变倦怠状况，也许需要做的第一件事就是，在属于自己的生活中冥想。

正命：过正确的生活

我们过着怎样的生活？在佛陀八正道的诸要素（正见、正思维、正语、正业、正命、正精进、正念、正定）中，正命是与投入和倦怠最直接相关的。居于其核心的是这样几个问题：我们如何才能做有益于我们自己、我们的家庭、我们的社区、我们的地球和后代的工作？我们的工作如何能成为一条从痛苦和幻想中觉醒的道路？

佛陀通过指出哪些是我们不应该从事的工作来定义正命。《万念经》（*Vanijja Sutta*）中有言："俗家不应该从事这样五种职业，赌、淫、盗、猎、宰屠、毒品、军火买卖等都为邪业。"我也喜欢一行禅师对如何修行正命所做的解释："你必须找到谋生之法，它不违反你关于爱与慈悲的理想。你谋生的方式，既可以是你对内在自我的一种表达，也可以是你和他人痛苦的根源。"

一行禅师这是在说，我们应该选择与我们的价值观相一致的工作，无论是教育孩子、照顾垂死之人，还是以心怀慈悲的慷慨方式做生意。与我们的价值观保持一致，不仅包括我们做什么、为什么做，还包括我们该如何做。我们必须确保我们是在以正直之心工作。即使我们选择了一种能够帮助他人结束痛苦的职业，可能还是会以病态的利他主义、共情痛苦、道德痛苦或不尊重他人的方式来做这件事。这些对边缘状态的不良实践，很容易导致我们倦怠。

无论我们扮演着什么样的角色——护士、医生、教师、治疗师或首席执行官，我们都会有意识不到自己正在受苦的时候，没有给自己足够的时间从工作带来的有害影响中恢复过来。当我们发现自己正滑向这样的边缘时，我们需要后退一步，深入观察我们是如何因失去平衡和失去对自己所做事情的热爱而导致了自己和他人的痛苦的。

工作之外的修习

在我经常陪伴濒死之人的那些年里，我经常能在自己的生活场景中冥想。我走过医院大厅，留意自己的呼吸和走过的每一步。我坐在病床边，平稳地呼吸，面对着那个濒死之人。我坐在团队会议的会场，发自内心地思考我为什么要做这项工作，通过留意自己的呼吸和身体来让自己安定下来。这样，我就可以给予那些参加会议的人更多的关注和关心。

有时，我难以找回平静；它离开我，就像潮水般迅速地从当下的海岸退去。我发现自己筋疲力尽、灰心丧气。我还没到完全倦怠的地步，但已经很接近了。在这样的时候，我必须照顾好自己。我会打个盹，在山里散步，读书，冥想，或者最好是这样——只是慵懒而漫无目的地闲逛。的确，我必须按下重启按钮，这意味着先关闭身体这架机器！

还有些时候，一连串的事情让我难以应付。在我父亲去世后不久，我的一位亲密的朋友也去世了，而我还在陪伴一些濒死者，于是我不得不暂时告别这份工作。我还没有倦怠，但我对疾病、濒死和死亡变得非常敏感，我需要时间来平复失去挚爱的哀伤。我很感激我能有机会休假，不像许多临床医生，他们经常被劝导要“克服哀伤”回去工作。

如果我们要对分担他人的痛苦做出一个可持续的承诺，那么我在父亲去世以后暂时放下手头工作所做的这种休整，对大多数人来说都是必不可少的。我们必须了解自己失去亲人的痛苦，才能以己度人。我们需要时间从自己的艰难经历中学习，需要时间来更新我们的精力、动力和观念。我们要容忍自己在一段时间内放下目标，无为而治，让时间来平复伤痛。

有时候，时间长一些的停顿是必要的，就像我在父亲去世后所做的那样。而有时候，短暂的停顿足以帮助我们重新获得必要的身心平衡，以便在投入的坚实基础上站稳。很多时候，我们甚至没有意识到我们正在失去立足点，正从边缘坠落。

要想短暂停顿一下，我们可以从注意身体的感觉开始。如果我们能中断匆忙的行动节奏，把注意力快速转换到吸气和呼气上，就可以接收到身体的信号，体会到某些东西已经停止了。只是将注意力转移到呼吸上，我们就已经改变了自身体验的神经化学背景，构成我们内驱力的不健康方面的那些焦虑开始逐渐减少。这样一来，无论多么短暂，我们都可以回忆起自己想要服务他人而不是伤害他人的初衷。当然，我们也没有伤害自己的意图。

通过探究，我们可以学到很多。我们可以很好奇：为什么我对自己要求这么高？为什么我要待在这个有害的工作场所？我能做些什么来改变我的内部体验或工作环境，使其朝着更少伤害的方向发展呢？我如何才能在这些充满挑战的环境中培养自己的韧性？

对此，我们应该主动地去理解和探究。我们需要弄清楚自己有什么偏见，要客观地运用自己的洞察力。我们要非常诚实地看待自己的动机，同时还要避免自我迷恋或指责。我们也应该意识到，我们的好奇心就是要为智慧和慈悲的产生创造条件。

此外，即使加班工作可能是源于对一种与寻求和乐趣相联系的神经化学物质的沉迷，这种寻求行动也能引导我们去探究自己的身体体验，这种探索可能会带给我们一种珍贵的洞察力，能让我们体察自我身心，弄清楚为何要把自己搞得那么辛苦。

我们也必须让自己有时间停下来休息。这不只是因为我们需要时间去悲伤或疗伤，更是因为漫无目的本就是生活自然的一部分，如今已有许多人忘记了如何让自己把目标放下，去自由流浪。在一个完全以目标为导向的社会里，想轻松下来是相当困难的。但事实上，“浪费”我们的时间也许正是我们所需要的。也许，我们不是在浪费时间，而是在做自己。

禅宗有句格言说：“无事可做，无处可去。”就是请人们停止追逐任何东西，包括开悟。所以，我让自己放下……无论我是坐在善巧禅修中心的禅堂里放下，还是走出小小的写作间，到我隐居之地旁边的草地上散步，这段时间都是有所收获的，而不是虚掷的！当我们把时间看作一种可以“花费”的资源时，漫无目的所带来的美、惊喜和滋养就不是那么容易得到的。

放下目标，忽略效率之神，让自己迷失一会儿——这些都是梭罗和我母亲给我的指教。梭罗说：“直到我们迷失了，换句话说，直到我们忘记了这个世界，我们才开始发现自己，并意识到我们所处的位置，和我们那无限的联系。”或者，就像我妈妈过去常说的，“琼，我们哪儿都不用去。我们已经在这里了。”在那些时刻，我们佛罗里达州老家附近的海滩都显得格外美丽。无处可去，无事可做……在那一刻遗失和找回……就修习这个……也许这样我们就找到了全心全意和真正的自由。

在投入边缘的发现

最近，有个学生问我：“禅师，你的生活中似乎很充实。你是怎么做到的？”我停顿了一下，笑了笑，然后回答说：“如果天气好，我会好好休息。”

这里我并不是说我每天都要午睡，虽然在我这个年纪，中午睡一会儿是常事。我也不是在说正经休假给你带来那种休息，更不是说那种逃避现实的休息；相反，这是指在做事的过程中，甚至是在遇到困难的情况下，保持相对放松的心态而获得的那种休息。这里的放松就是指，不与自己所面对的局面对着干，而是活在当下，保持沉着坚定。这种不对着干和沉着坚定的结合，是我们在佛教冥想中培养出来的。在我自己的冥想修习中，我认识到，对某个对象（如呼吸）给予充分的关注能带来稳定和放松，以及力量和安逸。在我们强化了这些品质后，通常就能以大卫·斯坦德尔–拉斯特所说的那种“全心全意”的态度来面对生活。

在佛教中，有所为乃至全身心投入并不是美德的来源。你不会因为忙碌而开悟。事实上，忙碌让我们分心，使得我们注意不到当下时刻正在发生的事情，因此，我们需要平静下来才能感知到。这一观点在中国唐代云岩和道吾两位禅师的精彩交流中得到了体现。

> 云岩扫地次，道吾云：“太区区生！”岩云：“须知有不区区者。”吾云：“恁么则有第二月也？”岩提起扫帚云：“这个是第几月？”吾便休去。

这则故事最早出现在 13 世纪的禅宗公案汇编中。年轻的云岩正在扫地。也许在他扫地的架势中透出了一种忙碌和自负的味道。

当道吾对他说“太区区生”（他这也有点太忙了）时，云岩很可能就停止扫地了。然后，给了道吾一个老套的禅宗式回答：“须知有不区区者（要知道也有一个人并不忙）。”这是一个禅宗新学者可能给出的答案——是从一本糟糕的禅宗书中搬来的。

道吾认为他的这个回答是禅宗式的遁词，他没有放过这个话头。因为云岩这个扫地僧是把世界一分为二了。“恁么则有第二月也（你是说会有两个月亮）？”道吾发出诘难。真的会有一个干活的人和一个不干活的人并存吗？真的会有忙碌的人和闲处的人同在吗？

云岩认识到了自己的错误。他停下手中的活，把扫帚从地板上抬起来，举到道吾面前。“这个是第几月？”他问道。

在那一刻，云岩已经提高了，超越了差异、二元性和自我 / 他人的对立。他明白，真正的生活并不分成干活的人与不干活的人、正在做与没有正在做。此刻的现实就是，地上没有扫帚，没有干活的人，没有事情发生，没有人在忙碌，也没有什么是值得忙碌的。他醒悟了。

我在人生较早的时候就遇到了禅宗。我从小是新教徒。所以，我很长一段时间都信奉“工作就是美德”这样的观念。对我来说，把工作看作一种精神修行是很重要的——此时工作的人、工作、行动是分不开的；此时我并不忙；此时我能保持清醒。

已故的片桐大忍禅师（Katagiri Roshi）在《每一刻都是宇宙》（*Each Moment Is the Universe*）一书中写道：“我们倾向于从时间的维度来看待修行，就好像我们在一步一步地攀爬梯子。这不是佛教的修行理念。当你爬上梯子时，你是着眼于未来的。以这种方法去修行，就失去了平和，没有精神上的安全感——只是把希望寄托于未来……这不是高明的修为。从一开始，它就应该存在于和平与和谐之中。”

片桐大忍禅师解释说，曹洞宗学派创始人希玄道元禅师使用一个与圣地概念有关的特殊术语。“这里的‘圣地’就意味着宇宙，”禅师继续说道，“无论你身在何处，你的生命都是由整个宇宙支撑的。人类生活的主要目的是维持这个圣地。这不是为了建设自己的个人生活而去爬梯子。”

片桐大忍禅师把心灵、思想、身体、世界和当下的时刻描述为一处圣地——一个没有任何对峙的地方、一个能够提供庇护的地方。这就是当云岩在道吾面前举起扫帚的时刻。此刻，就是那个地方。不寻找，不逃避，只是静栖其中……这就是我们要修习的理由。这样，我们才能在生活中实现觉醒。

玩耍

也许从那些已经走到崩溃边缘但又找到恢复健康之道的人身上，我们能了解到最多的关于倦怠的知识。比如，电视剧《实习医生格蕾》（*Grey's Anatomy*）的创作者兼执行制片人珊达·莱梅斯（Shonda Rhimes）在 2016 年的一次 TED 演讲中，谈到了她对“心流”的迷恋和倦怠。为了制作每季 70 个小时的电视节目，她每天要工作 15 个小时，每周要工作 7 天——她热爱其中的每一分钟。她把她走进的工作空间称为“嗡嗡声”（hum）。她说：“嗡嗡声听起来就像是在宽阔的马路上，我可以永远在这条路上开车。嗡嗡声是音乐、阳光和空气。嗡嗡声是上帝的低语，就在我耳边。”

然而，这快乐的嗡嗡声突然在某一天停止了。“当你所做的事情、你热爱的工作变得枯燥无味时，你会怎么做？当嗡嗡声停止时，你是谁？你是什么？我是什么？如果我心中的歌停止了，我还能在寂静中生存吗？”

在这段灰暗、寂寥的时间里，她开始接受女儿的邀请，一起出去玩玩。此时，重要的事情发生了——她和孩子们玩得越多，嗡嗡声就越响亮。原来，莱梅斯需要的是玩耍，而不是高压力的工作。她需要更多的时间和孩子们在一起，因为在她全力投入工作的时候，错过了孩子们的成长过程。

她由此意识到，不仅仅只有工作才能带来嗡嗡声，快乐和爱也能。她说："现在，我不再只有工作带来的那种嗡嗡声了，那种嗡嗡声不再能霸占我了——一点也不能。吹泡泡糖，把手指弄得黏糊糊的，能让嗡嗡声响起；与朋友聚餐，也能让嗡嗡声响起。我自己就是那嗡嗡声；生活就是那嗡嗡声；爱就是那嗡嗡声。工作的嗡嗡声仍然是我的一部分，但不是我的全部。我对生活充满感激。"

如今，每当她的孩子们喊她一起玩的时候，她总是有求必应。他们的注意力持续时间通常只有 15 分钟，所以即使是在同时制作四个电视节目，这点时间也很容易挤出来。"我的孩子们教我如何生活。"她说。她认为玩耍挽救了她的事业。

联结

正如所有的边缘状态那样，陷入倦怠的沼泽对我们也有好处。价值观的危机可以让我们反思自己选择的人生道路。倦怠则是一种痛苦，它能指引我们回到自己的内心世界，并鼓励我们走出导致我们陷入自我伤害和与他人隔绝的心理模式。它能告诉我们是哪里出了问题，如果我们更仔细地倾听自己内心和身体的需求，我们所爱的人的需求，以及这个世界的需求，那么一些新的美丽的东西就能从泥土中生长出来。我们可以通过投入的力量，通过结合了休息、玩耍和建立联结的疗愈来获得快乐。

杜克大学（Duke University）伊斯兰教研究中心主任奥米德·萨菲揭示了一个面向人类心灵的投入维度。他写道：

> 在许多穆斯林文化中，当你想问他们过得怎么样时，你会用阿拉伯语"Kayf haal-ik"，或者用波斯语"Haaleshomaa chetoreh"去问"你的状况（haal）怎么样"。不过，你问询的这个状况指的是什么呢？它是人心的一个过渡状态。其实，我们问的是："此刻，就在当下这呼吸之间，你的心在想什么？"当我问"你好吗"时，这才是我想知道的。
>
> 我不是在问你的待办事项列表上排了多少项工作，也不是问你的收件箱里有多少电子邮件。我想知道的是，你的心情此刻处于什么状态。告诉我。

告诉我你的心是快乐的，告诉我你的心是痛苦的，告诉我你的心是悲伤的，告诉我你的心渴望与人接触。审视你自己的内心，探索你的灵魂，然后告诉我一些关于你的心和你的灵魂的事情。

告诉我，你没有忘记你仍然是个人，而非工作机器。你远不是一台机器，检查一下你的待办工作列表。与人谈一谈，看一看，摸一摸。这是有疗愈作用的交谈，充满优雅和现场感。

把你的手放在我的手臂上，看着我的眼睛，和我交流一秒钟。告诉我你心中在想什么，唤醒我的心。请帮助我记住，我也是一个完整的人，一个渴望与人接触的人。

当我在法国南部时，有一天，我去参观一处由一行禅师打理的花园。他的园艺活干得非常非常慢。当我走近时，正在除草的他抬起头来，微笑着说："如果不干种芥菜的活，我就写不了诗，也教不了别人佛法。"他把与土地建立联结，作为一种与生活、与当下，以及与写作和传道授业联系起来的方式。在那一刻，他也与我产生了共鸣。他在给我展示他的内心所想（haal）。我突然想到，虽然他已经写了 100 多本书，但他似乎从来没那么忙。

忙乱会把我们带到边缘状态。然而，即使我们的生活需要日理万机，我们仍然能够做到在投入的边缘站稳，而不至于坠入精疲力竭的状态。我们必须保持警惕，不要把自己逼得太过，在必要的时候需要后退一步，以重新获得身心平衡。这其实很简单——哪怕是在接诊病人或者开会中间简单喘口气，做个深呼吸，状态就能转换。或者，也可以是就像照料芥菜或粉刷土坯墙这种事情那么简单。

倦怠会引起极度疲劳乃至崩溃，这也许并非坏事，因为长期忙碌和沉迷于工作并不是一种健康的生活方式。所有这些活动都会使我们偏离现实，甚至可能会导致我们放弃选择与我们的价值观相一致的谋生方式。我们对工作和服务的痴迷，常常会导致我们失去与自己所爱的人，以及当前时刻和更广阔世界的真实需求，建立真正的亲密联结。倦怠和极度疲劳成了紧急刹车，我们因此被迫换挡、减速，甚至停车。它要求我们更新我们最深层的精神追求，并深刻审视我们到底支持什么、关心什么、我们的价值观是什么，以及我们真正的使命是什么。要在服务的道路上寻找快乐和美。我相信，道元禅师所说的“给生活以生机”正是此意。

第6章

STANDING AT THE EDGE

慈悲的边缘

只要有空间存在
只要有生物存在
那我也可以存在
消除世界上的痛苦

《寂天菩萨》第三章第 21 ~ 22 节（改编自斯蒂芬·巴切罗）

当我们位于边缘，处于坠下悬崖、落入痛苦的危险之中时，要想脚跟稳稳地踩在大地上，要想让我们的心胸保持敞开，那么慈悲是我所知道的最强有力的方法。当我听到那个尼泊尔小女孩在清理烧伤部位时的哭声时，是慈悲心（同情）帮助我保持了共情，同时又引导我远离了共情痛苦。当我面对战争、种族主义、性别歧视和环境退化等系统性的暴力时，是慈悲心让我牢记自己的价值观，帮助我从正直的立场出发行动，而不是陷入旷日持久的道德义愤中。有几年，我常与垂死之人为伴，还在最高警戒级别的监狱里提供志愿服务，是慈悲心让我免于倦怠。在最艰难的时刻，慈悲心一直是我最大的盟友。不但我的生命因慈悲而坚固，我所服务的人也由此获益。

我也是慈悲的领受者；当别人对我表现出极大的善意时，我的生活会受到深刻的影响。许多年前，当我躺在医院的病床上等待手术时，我害怕得发抖。此时，一位佛友和我坐在一起。当手术团队要把我推进手术室时，他紧紧握住我的手，用坚定的目光告诉我："记住你究竟是谁。"他的触摸以及他的话让我松了一口气，我进入了一个比我对手术的恐惧更辽阔、比我对死亡的恐惧更深远的精神境界。当我被推着走过大厅时，已故的安谷（白云）量衡［Yasutani（Hakuun）Ryōkō］禅师的一番话闪过我的脑海："来自无差别的躯体的无因的慈悲心燃烧起来了。"

当我们像我的朋友一样表达慈悲时，它会像彗星一样在我们心中燃烧起来。这是观音菩萨的精神，慈悲的菩萨能听到世人的哭喊，并以无垠的慈悲之心回应——对于那些在黑暗中苦苦挣扎的人来说，这不是像一块沉重的石头落入痛苦的水中，而是像在人迹罕至的空间中突然有一个紫晶洞打开了，给那些在黑暗中挣扎的人们带去了点点光亮。

几十年来，我全面地研究了慈悲这种情感，思考它的机理，以及它发挥作用的深层次过程。我检视过有关慈悲的科学研究，接受过佛教宗师的教诲，与照护者分享过体验，与囚犯和垂死者同处过，为教育工作者和商界人士做过慈悲训练，并将我的自己冥想修行也作为研究的媒介，还有生活给我带来的挑战——这是非常可能发生的险情。

慈悲被定义为真正关心他人的痛苦，并希望改善他人的福祉。慈悲也帮助我们以适当的反应来面对自己和他人的痛苦。值得注意的是，慈悲是摆脱病态的利他主义、共情痛苦、道德痛苦、不尊重和倦怠等这些边缘状态的有害方面的途径。它能够唤醒人类最好的能力——平衡的注意力和关怀、无私的意图和洞察力，还有道德行为，这是其他反应无法做到的。

最仁慈的生存

英国博物学家查尔斯·达尔文会同意这一观点。达尔文在《人类的由来》（*The Descent of Man*）一书中提到“同情”（sympathy）[如今被我们称为“慈悲”（compassion）] 的重要性，探讨了人类和动物愿意帮助那些处于困境中的同类的倾向。他分享了一名动物园管理员被一只好斗的狒狒袭击的故事。“几年前，动物园的一名管理员给我看了他脖子后颈上几处很深的、刚刚愈合的伤痕，那是他跪在地上时被一只凶猛的狒狒攻击所造成的。有一只小美洲猴是这个饲养员的好朋友，它与这只狒狒住在同一个隔间里，而且它非常害怕这只大狒狒。可是，当它看到自己的朋友有危险时，还是冲过去救他。它的尖叫和撕咬分散了狒狒的注意力，这名管理员借机逃离了危险。”

达尔文认识到，当救援者和被救援者属于同一群体时，这种英雄行为更有可能发生。那只小猴子和动物园管理员是好朋友，因此很明显，它会冒着生命危险去救动物园管理员，使他免于死在狒狒爪下。达尔文写道：“很明显，人类的本能冲动有着不同等级的强度；一个野蛮人会冒着生命危险去救一个同族的人，但对一个陌生人则漠不关心；一位年轻胆怯的母亲，在母性本能的驱使下，会毫不犹豫地为她的小宝宝去冒最大的危险，如果仅仅是同类，她就不会这么做。”

不过，达尔文也认识到，特殊的环境会激发一些人（和其他生命）对陌生人产生极大的慈悲心。“不过，还是有许多文明人……虽然他从来没有为别人冒过生命危险，但他充满勇气和同情心，会不顾自我保护的本能，立即跳入洪流去救一个溺水的人——尽管那是个素不相识的陌生人。如前所述，英勇的小美洲猴会通过攻击又大又可怕的狒狒来拯救它的饲养员朋友，人类在抢救溺水者时，也是受到了同样的本能力量的驱使。”

达尔文假设，这些特征是进化选择的结果，并延续到后代身上。“不管同情心以怎样复杂的方式产生，因为它对所有互相帮助和保护的动物来说都是非常重要的，所以它会通过自然选择而增加；那些最具同情心的成员最多的社区，将会发展得最好，并养育出最多的后代。”

达尔文本应该把这种现象总结成“（最）善者生存”。这一理论与通常被归于赫伯特·斯宾塞（Herbert Spencer）的“适者生存”理论可谓背道而驰（后者实际上是斯宾塞对自然选择的过于简化的描述）。经过一番探讨之后，达尔文得出结论：“同情”不仅对人们的生存至关重要，它还构成了人们个人道德感和社会伦理体系的基础，影响着社会福祉。

最近，荷兰动物行为学家和灵长类动物学家弗兰斯·德·瓦尔（Frans de Waal）提出，慈悲的根源可以从人类进化史的深处找到。德·瓦尔记录了许多非人类的善良和道德行为，包括猿、狗、鸟，甚至是老鼠。我们可以扪心自问：如果老鼠都会这么做，那么我们有何理由不这么做呢？

科学和慈悲

不管慈悲是我们的生理本能，还是来自我们的良知；无论是本能的、有意的，还是由社会决定的，我们从科学研究中知道，慈悲可以增进那些得到慈悲者的福祉，也有利于那些富有慈悲心的人自身，甚至有利于那些仅仅是见证了慈悲行为的人。慈悲是深刻影响人类心灵的体验之一，无论我们是给予、接受，还是见证了它。

慈悲心似乎也能促进身体健康。研究人员朱利安·霍尔特–伦斯塔德（Julianne Holt-Lunstad）及其同事对多项研究进行的综合分析表明，与慈悲心相关的强大社会联系，似乎可以减少炎症，支持免疫功能，加速疾病的康复，并延长寿命。莎拉·康拉斯（Sara Konrath）博士所做的一项研究表明，如果志愿服务的原因是利他的而非自私的，志愿者就会比非志愿服务的同龄人活得更长。

在另一项研究中，充满慈悲的非语言交流安抚了病人的自主神经系统，调节了其呼吸和心率。研究还表明，感受到慈悲的关怀能减少手术后的疼痛，缩短手术恢复时间，减轻创伤造成的后果，延长绝症病人的生存期，改善血糖控制，能比戒烟更有效地降低死亡率，并增强免疫功能。在取得了这些成效后，如果再与患者进行富有慈悲心的互动，甚至可能会降低系统性医疗保健费用和临床医生承受压力所导致的成本支出。

在长期进行冥想修习的人遭受了痛苦和折磨后，情况又会如何呢？威斯康星大学的神经科学家理查德·戴维森（Richard Davidson）、安托万·卢茨（Antoine Lutz）和同事们发现，开放意识冥想似乎可以减少对疼痛的消极预期。在同一项研究中，这些长期修习者对痛苦的感受也变得更轻了，并且能更快地从令人不快的刺激中恢复过来。在另一项研究中，戴维森博士及其同事们发现，在产生同情心的同时，专业的冥想修习者对饱含情感的人类语音会做出比新手更强烈的反应。他们还发现，专业冥想修习者的认知和情感共情能力比新手更强。这些重要发现事关大脑训练如何增强人们受到不愉快刺激时的恢复能力，以及如何更好地调整对他人所遭受的痛苦的反应。

同样是在戴维森实验室，在由神经学家翁海伦（Helen Weng）博士领导的另一项研究中，接受过提升慈悲心体验训练的年轻人，在实验中玩经济类游戏时，会表现得更无私。当观看他人遭受痛苦的照片时会唤醒慈悲的感觉，他们的大脑中与共情、理解他人，以及情绪调节和积极情绪相关区域中的活动也会增加。

在经常陪伴临终者的这些年里，我看到由于慈悲心的降临，濒死者的恐惧减少了，在他们走向死亡之际，这对他们是一种支持。慈悲心还对那些为临终者服务的人产生了深远的积极影响，如果这些护理者做过冥想修习，情况更是如此。

多年前，加利福尼亚圣马特奥临终关怀团（Mission Hospice in San Mateo）的医疗顾问加里·帕斯捷尔纳克（Gary Pasternak）给我发了一封让我难以忘怀的电子邮件，他是一位长期冥想修习者。他写道：

> 我把病人送进了住院部，直到很晚才睡下。我原本觉得自己上年岁了，熬不了夜了，可是当一个浑身是伤、虚弱痛苦的病人被抬到我的面前时，当我用手探查她胸部很深的伤口，听到她说的话时，我的心又开了一道裂缝。今天晚上，一位长相甜美、患有严重乳腺癌的 36 岁妇女，谈到了她对命运的无奈和对孩子们的希望，她说得如此真诚而又毫不含糊。她对命运的接纳让我领略到一个人所能体会到的最深沉的谦卑，这让我一次又一次地认识到我为什么会这样夜以继日地工作，为什么愿意和这些临终之人为伴。

加里的话反映了尊重和内心的平静，以及谦卑和勇气。在这个充斥着分心走神、时间压力和睡眠不足的医学世界里，他能够放慢脚步，坦然面对生与死，倾听与爱。在病人和他自己的痛苦中，他没有忘记真实的自己。这就是慈悲——带着减轻痛苦的愿望转向痛苦真相的能力。然后，带着谦卑的心醒来，意识到无私地为他人服务是一个珍贵的机遇。

体验到慈悲似乎也能减少抑郁和焦虑，因为它开阔了我们的视野，让我们超越了小我的狭隘。研究人员艾玛·塞帕拉（Emma Seppälä）博士写道："研究表明，抑郁和焦虑与一种自我关注的状态有关，一种对'作为对象的我（me）、我自己（myself）和作为主体的我（I）'的专注。然而，当你为别人做一些事情的时候，这种自我关注的状态就会转变为另一种状态——关注他人。"

电影制作人乔治·卢卡斯（George Lucas）虽然不是科学家，但他对慈悲也有类似的看法。当被问及他的电影《星球大战》（*Star Wars*）的主题究竟为何时，他说："世界上有两种人——慈悲的人和自私的人。自私的人生活在黑暗的一面。

慈悲的人生活在光明的一面。如果你走到光明的那一面，你就会感到幸福，因为慈悲，帮助别人，不为自己着想，为别人着想，这给了你一种通过其他途径无法得到的快乐。”

看着我们在善巧禅修中心的志愿者们为无家可归者提供食物时的面孔，我从他们的眼中看到了尊重和关怀，而没有怜悯、自负和恐惧。从在善巧游牧诊所工作的医生们脸上，我看到了同样的表情。护士凯西曾是我在善巧禅修中心的佛教传教者项目中的学生，她在 LGBTQ 社区为那些临终者服务。我最近听她说，当为这个社区打开一扇安全与支持之门时，她自己也从中获得了巨大的益处。

慈悲心的另一个重要方面与道德品质有关。阿尔贝特·施韦泽（Albert Schweitzer）明白这一点，他写道：“在一切被称为‘生命’的事物面前，我只能保持虔诚。我唯一能做的就是对所有被称为‘生命’的东西心怀慈悲。这是所有道德的开端和基础。”他肯定了阿瑟·叔本华的观点：“慈悲是道德的基础。”研究发现，富有慈悲心能够维护我们的道德原则，赋予我们的生活以意义。心理学研究人员达里尔·卡梅隆（Daryl Cameron）和基思·佩恩（Keith Payne）表示，当我们抑制慈悲心时，会觉得自己的道德认同受到了损害。

心理学家、道德领导力专家乔纳森·海特（Jonathan Haidt）对道德、文化和情感进行了研究。研究结果表明，当我们看到有人帮助他人时，会产生一种“道德提升”的感觉，激励着我们也去这么做。加州大学圣地亚哥分校研究传染机制的詹姆斯·福勒（James Fowler）教授也证实，帮助他人的行为是会传染的。《纽约客》刊登了一篇关于位于尼泊尔多波的善巧游牧诊所的文章。丽贝卡·索尔尼特的这篇文章鼓舞了来自世界各地的临床医生到我们在尼泊尔的诊所服务，越来越多的尼泊尔医生和护士也加入了我们的诊所，并被这种服务他人的精神所感动。一名年轻的美国律师为一名尼泊尔病人洗脚。团队中的其他成员被感动，也要求加入其中；爱和尊重在瞬间传开。善良是鼓舞人心的、令人振奋的，也是吸引人的。

长期以来，我一直认为，慈悲心是成为一个完整的人的核心要求。这是减少系统性压迫、培养尊重、文明和有归属感的文化的关键，也是使文化、组织和人类成功的因素之一。为了帮助我们理解慈悲的必要性，科学研究为慈悲所带来的益处给出了强有力的理由，并证明了慈悲心对我们的生存和基础性健康的重要性——耶稣、佛陀和穆罕默德在数千年前就有这种认识，而我的祖母在一个世纪前就有这种认识。也许对我们中的一些人来说，科学可以指引我们回到真实的自己。

慈悲的三张面孔

多年来，我一直想知道，除了大多数人所熟悉的角度之外，是否还能从其他角度来看待慈悲——这种慈悲关注他人的痛苦，尤其是我们自己所属群体中的人们的痛苦。当我读到 14 世纪禅宗大师梦窗疏石（Muso Soseki）的《梦里的对话》（*Dialogues in a Dream*）时，我在理解这个问题上有了突破。梦窗疏石讨论了一种我们最熟悉的慈悲，我们将这种慈悲指向他人。社会心理学家称之为“有所缘的慈悲”。他还注意到慈悲的另外两个方面：建立在洞察力基础上的慈悲，以及没有目标的、无所缘的和普遍的慈悲。

有所缘的慈悲

大多数人都会对那些与自己有密切联系的人，如父母、孩子、配偶、兄弟姐妹和宠物等，产生慈悲。人们也更容易对自己的朋友、同事、邻居，以及同属自己文化或种族的成员产生慈悲。人们可能会和那些与自己有过相似痛苦经历的人建立更强的联结。因为我小时候因病失明过一段时间，因此很久以前我就觉察到，我对盲人有一种强烈的认同感和慈悲。

有所缘的慈悲也可能扩展到我们的熟人圈子之外，包括我们不认识的人，比如遭遇性骚扰或者警察暴力的受害者，抑或是居无定所者和难民。它也可以延伸到其他的生物和地方。

这种慈悲体现在距离墨西哥韦拉克鲁斯州（Veracruz）不远的拉帕特罗纳村（La Patrona）的妇女们的故事中。20 多年前的一天，贝尔纳达和罗莎两姐妹买好了早餐牛奶和面包后往家走。当一列货运火车驶近时，她们正好走到一个火车道口前。她们惊讶地看到，那些扒火车的人紧紧抓住车厢的顶部和两侧，而年轻人则骑在车厢下面的杆子上。

挂在最前面一节车厢的一个人对她们喊道："我们好饿啊！"当一节又一节车厢从眼前掠过，她们的耳边响起了更多的叫喊声："我们好饿啊！"当最后一节车厢快要驶过时，贝尔纳达和罗莎把刚买的食物扔给了那些能接到的人。

那天早上，在贝纳达和罗莎回到家里后，她们担心会因为把全家人的早餐送出去了而受到责罚。然而，无论如何，她们都必须向母亲列昂尼拉说清楚所发生的一切。这家人并没有责罚这对姐妹，而是聚集在一起，看看能为那些人做些什么，于是他们想出了一个计划。

1995 年，这对姐妹向这些路过的流民扔出了第一份食物，从此开始，这对姐妹几乎每天都和村民们去铁路边，为那些沿着铁路寻找自由的人们提供食物。

这列绰号为"野兽"（La Bestia）的火车曾拉着上千人一路向北，越过墨西哥抵达美国边境。当"野兽"过了韦拉克鲁斯走到拉帕特罗纳村附近时，村里的妇女们（她们也被人称为"Las Patronas"）会拿着装满刚煮熟的豆子、米饭和玉米饼的鼓鼓囊囊的塑料袋冲向铁轨。当火车飞驰而过，她们就把自己手中的食物扔给那些趴在火车上的饥饿的流民。

有人告诉我，有时火车会在晚上减速，以方便这些村民把食品袋送出去。然而，就算是当白天火车全速呼啸而过时，老老少少的妇女们也会坚定地站在疾驰的火车所带来的强烈气浪中，向绝望和饥饿的人们伸出援助之手。这是一种纯粹的慈悲行为。

多年来，村民们提供了成千上万袋食物。到目前为止，尽管有暴力、有边境墙、有拘留中心和毒枭，但向北移动的移民流仍在继续。“野兽”列车日复一日地向北运送着移民，而村民们则继续手提着食品袋迎候他们。

村民们还为这些乘着火车流浪的疲惫的流民建起了一个诊所和小休息室。厨房扩大了，为流民们投送食品袋的队伍更壮大了，村里的男人们也加入进来。他们还与活跃在墨西哥各地的各个组织合作，游说政府为流民们拨款提供更多的保护。佩特娜·诺玛·罗梅罗（Patrona Norma Romero）说：“既然上帝赐予我生命，如果移民潮继续下去，那么我相信我一直会在这里为他们提供帮助。”

正如瓜达卢佩·冈萨雷斯（Guadalupe Gonzalez）告诉BBC记者的那样：“我们从未想过它会变成这么大的一项事业。我认为，这是因为它发于微末，只是来自一个人能给予的一点点。”她的话深深地打动了我。

BBC 对村民们的这篇报道还做出了尖锐的评论：“‘Las Patronas’这个美称源自他们的村名——拉帕特罗纳村。然而，它也有更广泛的宗教内涵，在西班牙语中，‘Patrona’这个词的意思是‘守护神’。对于移民们来说，这个名字再合适不过了——他们是从一个可能再也不会见面的女人那里，得到了一份可能会挽救生命的救助食物。”

我是从在墨西哥圣达菲的朋友那里听说“Las Patronas”的，并通过媒体报道了解了他们这奇迹般的、谦卑的事迹，我被这些妇女们日复一日展现出的慈悲心和坚强勇毅所感动，她们为这些北上的人们做饭，为他们提供豆类、大米饭和玉米饼充饥。在我看来，这代表了人类心中最美好的东西——慈悲、利他主义、勇气、奉献和投入，以及克服一切困难、改变苦难的力量。

基于洞察力的慈悲

有所缘的慈悲在我们的社会中是非常重要的，这是一件好事。然而，也有一些形式的慈悲是我们大多数人不太熟悉的。梦窗疏石所谈的是基于洞察力的慈悲这一概念也存在于藏传佛教中。这种慈悲更加概念化。

梦窗疏石的讨论集中在无常与依存的共生上。从我的角度来看，作为一个沉思者和照护者，基于洞察力的慈悲也包含了慈悲是一种道德义务这样的理解，我们可以推断出忽视痛苦会对自己、他人和社会产生严重的后果。

理想情况下，当我们看到有人需要帮助时，就会觉得道德要求我们必须采取行动，而不能一走了之。我们不会有事不关己或者道德冷漠的感觉。对苦难报以慈悲是“正确的”，是对尊重和人格尊严的肯定。当我们从这个角度去体验他人的痛苦，当这种理解被我们本性中的善良和减轻痛苦的愿望所支持时，我们的内心就会充满智慧的慈悲。

不久以前，我曾陪伴过一位肝癌晚期的女士。她的腿水肿很厉害，小腿上的皮肤都快撑开了。那天是她在世的最后一天，尽管当时我并不知道。她是我的好朋友，多年来一直与癌症抗争。我对她产生了极大的慈悲，这是有所缘的慈悲，因为她正因意识模糊和痛苦难忍而辗转反侧；当我握住她的手、轻声和她说话时，我产生了想要减轻其痛苦的强烈愿望。同样地，通过基于洞察力的慈悲的视角，我能够从无常的真相来看待她的处境，她的痛苦又是时间上的离散时刻，是由非痛苦的元素组成的。我也深深地感到，对她的痛苦做出反应有着道义上的必要性。这些观点让我没有屈服于共情痛苦，而是帮助我以一种反应不太强烈的方式为她保留空间——最终，带着更大的爱和她在一起。

无所缘的慈悲

梦窗疏石还指出，还有第三种形式的慈悲——公正无偏的慈悲。我们可以称之为“无所缘的慈悲”，即没有对象的慈悲。这是真正的慈悲。

我曾亲身经历过这种形式的慈悲。那时，我在多伦多教书，住在一座私宅里。有一次洗完澡后，我在潮湿的地板上滑倒了，大腿骨和股骨都摔裂了。当我看到自己的腿弯曲得那么厉害，我意识到这下完了。几秒钟过后，剧烈的疼痛向我袭来。我大喊道：“救命啊！有人能帮帮我吗？”然而，我的声音就像芦苇一样纤细——我疼得几乎不能呼吸了。几分钟后，我的房东安德鲁来了，他轻轻地撑着我的后背，让我坐在地板上，并大喊着让他的妻子呼叫救护车。我动弹不得，几乎说不出话来，但安德鲁知道该怎么办。他像一棵树一样支撑着我的脊背，一动不动，这样我就能在一阵一阵的痛感袭来时有个依靠。

当第一批急救人员赶到时，一位年轻的医生走进浴室，说要把我抬到轮床上。这让我的身心都感到恐惧——我已经处于昏厥的边缘，我能感觉到我的血压在因剧烈的疼痛而下降。我直视着这位年轻医生的眼睛说："在你移动我之前，我需要先用一些药物来止痛。"医生淡淡地告诉我，他没有使用吗啡的执照。"找个有资格用这种药物的医生来吧。"我说。我不是在开玩笑。于是，他拨电话请一位有执照的医生来处理。

漫长的 10 分钟后，一位老医生来了。他跪在我身旁，量了量我的血压——当时，我的血压低得像海底一样。他点点头，用注射器从一个小瓶子里抽出一些清澈的液体。他抻直我的手臂，但我的血管因休克而塌陷了，针头根本扎不进去。

他又换我的另一只胳膊试试，随后又试了试我的两个手腕，再然后，我就不记得又试过哪里了……我只记得，当他试图帮助我时，汗水顺着他的脸往下淌，他张着嘴，眼睛周围的皮肤绷得紧紧的。

那位年轻的医生站在浴室的墙边，脸色苍白。他的眼睛向上翻着，好像要晕倒了。看着我被针扎了六次，他似乎很痛苦。我的心向他打开了，在那一刻，我的血管也打开了，我的身体充血了。针扎了进去，我感到如释重负，身体也可以动弹了。

当第一批急救人员把担架抬下长长的楼梯时，我的身体倾斜成一个危险的、陡峭的角度，向下滑了几厘米才停住。我终于被抬上了救护车。救护车一路鸣笛狂奔，穿过多伦多的街道，向医院开去。那天是 13 日，星期五,六月的一个满月日。

那位老医生靠在我身边，我感觉到他正承担着某种重负。我不假思索地碰了碰他的膝盖，问他："您还好吧？" 在这种情况下问这个问题对我来说好奇怪，但它就是这样的无中生有——那种在深度冥想中的无中生有，那种当痛苦遮蔽了自我时的无中生有。

他的眼睛湿润了，用几乎听不见的声音说："我妻子患乳腺癌，快要去世了。"在那一刻，除了我身边这个受苦的人，除了我在心中、身体内、在我们之间的气氛中感到的那种说不出的温暖，什么都不存在。在那一刻，我的痛苦完全消失了。我看着他的眼睛，那是一双湿漉漉的、毫无戒备的眼睛。

当写这篇文章的时候，我想起了词曲作家露辛达·威廉姆斯（Lucinda Williams）的话："同情你遇到的每一个人，因为你不知道在那人身上正发生着什么样的天人交战，那里是灵魂遇到白骨的地方。"但在救护车上时，我并不知道，这就是问题所在……

在急救室，医生给我注射了吗啡，接上导尿管，在我的头上敷了一块凉布，然后把我留在外面的一个大厅里。我的这位新朋友在轮床旁静静地坐了几个小时，直到我被推到 X 光机旁。手术后，我又见到他了。我不知道他的名字，也从来没有问过，也没有想过要问——但是，我们在一起。此刻，我们风雨同舟。

回头想想，我意识到，在这个性命攸关的时刻，我开启了一种普遍性的慈悲体验。这一体验与他无关，也与我无关。对别人无限的关心和爱意的涌起，溶解了我的自我意识，我的痛苦也随之消失了。"无差异的身体的无所缘的慈悲燃烧起来了。"

多年来，当我分享我在多伦多那间浴室跌倒的故事时，许多人都用类似的故事来回应，彼时彼刻，当他们自发地对他人产生慈悲之心时，他们自己的痛苦就自动结束了。这是一种什么样的慈悲心？这不是预先准备好的，甚至不是有意为之。它是从我的骨头里生发出来的，虽然我的骨头已经断了，但它给了我宽慰——令人惊讶的宽慰。我相信，它同样也触动了医生。

在最近一次拜访我的老朋友拉姆·达斯（Ram Dass）时，我们谈到了慈悲心。他让我想起了印度史诗《罗摩衍那》（*Rāmāyaṇa*）中的那句话。大神拉姆问代表着无私奉献精神的猴神哈努曼："猴子，你是谁？"哈努曼回答说："当我不知道自己是谁的时候，我会为你服务；当我知道我是谁时，我就是你。"我和老朋友相视一笑。这难道不是最深切的慈悲吗？

无著与红狗

几个月后，我问自己：究竟是什么让这种体验成为可能？藏传佛教的一个故事给了我启示，告诉我如何培养普遍的慈悲心。4 世纪的瑜伽修行者无著（Asanga）在洞穴里冥想了很多年。他静心冥想慈悲的弥勒菩萨，希望他能显灵并给自己开示。虽然无著年复一年地修炼，但弥勒却从未现身过。

无著花了 12 年时间在洞穴里修行，并等待弥勒菩萨现身。此后的某一天，无著觉得自己已经受够了，决定离开。他拄着手杖，离开了这隐居修行之所。当他沿着狭窄的小路往山下走时，瞥见前面有什么东西似乎横卧在狭窄的山路上。待他走近一看，只见是一只红色的狗静静地躺在灰扑扑的地上。仔细看看，他发现狗的后身到处都是擦伤和丑陋的疮。再仔细看看，他发现疮上满是蠕动的蛆虫。

无著马上就生出了帮助这只狗的念头，但他又不想伤害蛆虫。他的慈悲心是如此强烈，于是他跪下来，伸出舌头，这样就能在不伤害蛆虫的情况下轻柔地清除掉它们。在他的舌头即将接触到这堆蠕动的蛆虫时，这只红色的狗变成了慈悲的弥勒菩萨。

为什么弥勒菩萨不在无著的洞穴里现身？我认为，弥勒只会在无著受到感召去为他人服务时才现身。我也确信无著长达 12 年的洞穴修行并没有白费，尽管弥勒没有在那里为他现身——至少是没有以他能够认出的形式现身。因为无著的开放性和慈悲心已经在他成年累月坚定而专注的修行中变得深刻而又奇妙。在洞穴里的长期修行，产生了不可分割的、无所缘的慈悲的金果。尽管如此，他的慈悲还是需要一个被激活的理由，而红狗给了无著一个机会来实践有所缘和无所缘的慈悲。

这说明了我们之间关系的深刻价值——我们自己的解放与他人的解放是息息相关的。这个故事也指出了把我们利益他人的愿望作为修行中不可或缺的一部分所具有的价值，即使我们离那些需要帮助的人还很远。它还提醒我们，与痛苦同在是一条修行之路，这条路由这种深切的渴望所激励。

就像无著的觉醒一样，当我们比我们的小我更强大，当我们被以某种方式从痛苦的绳结中拉出来，走进周围更广阔的世界时，我们就会从错觉中觉醒。因此，受伤的狗和蠕动的蛆虫给了修行者一个宝贵的机会来体现（而不仅仅是思考）他想要造福他人的愿望。拥有无所缘的慈悲心，就是拥有向众生的苦难敞开的心意，并随时准备为众生服务。它是普遍的、无限的、没有偏见的。当小我的幻想消失时，我们就记起了真正的自己。

这种慈悲心是人性的本质，它属于整个人类。我们可以对任何人——遭受极度悲痛的人、阿勒颇[①]流血的孩子、被囚禁在破烂的动物园里的大象、吸食了冰毒的妇女，甚至是毒贩、虐待儿童的父母和好战的政客，立即产生这样的感受。一旦我们认识到并没有一个遗世独立的自我，所有的生命和事物都是相互联系的，我们就成熟到了具备普遍的慈悲心的程度。当一个人经过了深刻的修行，或者对他人的福祉天生有了大慈悲和大关怀，他就会产生这样的体会。

就像大慈大悲的观音菩萨一样，当我们体验到无所缘的慈悲，就会对任何需要做出回应。它就像大海里的盐，像我们呼吸的空气，像身体里的血液；它是我们生活和思想的媒介。就像道吾所言：“通身是手眼！”

① 位于叙利亚北部。——译者注

六波罗蜜多

佛教中的六波罗蜜多（the six paramitas）是菩萨欲成佛道应当修行的六种行持（或称完美性）——布施、持戒、忍辱、精进、禅定、般若。换句话说，也可以称之为慷慨、德行、耐心、全心全意、专注和智慧。我们站在边缘时，它能给我们力量，让我们获得身心平衡。“波罗蜜多”（paramita）这个词是梵语的音译，可以译为“完美性”或“渡彼岸”，意思是没有痛苦的彼岸。波罗蜜多既是成为菩萨的道路，也是这条道路的实现：作为一条道路，完美性是针对我们品格中的觉悟品质的修行；作为一种实现，它们是修行获得的收获。每一项完美性都是我们无限的心的表达，是治疗各种病痛的特殊药物。从某种意义上说，每一项都是慈悲的不同方面。

慷慨

第一项完美性——布施，即慷慨，就是对那些需要者给予慈悲的支持、保护、教导和关注。正如哲学家西蒙娜·韦伊（Simone Weil）所言：“专注是慷慨最稀有、最纯粹的形式。”这样一来，才会有为无家可归者提供食物的避难所；才会有人陪伴那些被家人遗弃的垂死之人；才会有人来保护那些受了配偶虐待的人；才会有人邀请那些正寻找栖身之处的难民到自己家中来。慷慨是给予病人和学生足够的关注和空间，让他们能做出自己的决定。这样一来，才会有人屹立在立岩保留区，去保护一条河流和一群人；才会有人向当权者说实话，以保障人们的未来。

慷慨还表现在与他人分享那些宝贵的精神教诲上。2016 年，我的老师格拉斯曼禅师因卒中而半身瘫痪，但他仍然坚持飞往波兰去参加奥斯维辛举证务虚会（Auschwitz Bearing Witness Retreat）。格拉斯曼禅师带着其他人在奥斯维辛做见证，这是他富有同情心的承诺的一部分，这就是要转化仇恨和异化，不能再让另一场大屠杀吞噬我们这个星球。他相信，通过在奥斯维辛和其他人有着难以言表的恐怖的那些场所做见证，我们就可以记住我们真正是谁，并记住去爱。

除了爱，还有另一种表达慷慨这种完美品质的方式，尽管这在传统经文中没有得到展示。多年前，当我第一次在尼泊尔从事服务工作时，我就想到了这一点。在高海拔地带和喜马拉雅山的荒野中，我感到自己非常脆弱。但当我和那些我们正为之服务的来自偏远村庄的病人坐在一起时，我意识到自己更笃定了。“不要害怕”这一意念出现在我的脑海中。这是我在高山上为病人服务时所需要的修行。

不要害怕……在这里，我们可以见证这个世界的痛苦和苦难，与他人建立起联结，而不必依附于自己、他人或结果。这是一种认识我们本来面目的方式——知道我们是由爱、勇气和伟大的慈悲心构成的。这是一种在人类心灵的广阔景观中关照我们过往痛苦的方式。

德行

第二项完美性是持戒，或者说是德行的完美。这是将有原则的慈悲指向芸芸众生，甚至是那些伤害他人的人。当慈悲缺位时，痛苦就会随之而来。为了避免伤害他人或自己，即要做到勇敢、关爱和信任，我们就要信守誓言。这是慈悲，也是菩萨精神的实现。

慈悲和誓言是相互依存的，关于这个道理，多年来，我从我的学生那里学到很多。我们在佛教中接受的誓言是行善、不害人、关爱他人。每一天，我们大多数人都会面临着道德上的挑战，但很多人也都知道，不违反正直品行是多么重要：临床医生每天都需要做出生死抉择，需要把病人的福祉置于机构的期望之上；总经理会尽其所能，保护员工不受公司内那些恶劣的内部政策侵害；检举者会冒着极大危险，以保护众人的权利……所有这些人都是在他们的正直品行引导之下行动的。这就是所谓的持戒。

耐心和全心全意

第三项完美性是忍辱，是对他人和自己具有彻彻底底的耐心。耐心意味着充分把握当下，并且把那种当我们意识到自己无法控制结果时可能产生的攻击性放下。航班被取消了，我们责怪订票员；好朋友都快死了，护士却还在慢条斯理地检查他的生命体征，于是我们向因照顾多位病人而精疲力竭的临床医生大发雷霆。我们都希望事情按照我们的愿望发展。我们想要一个及时的结果。我们想要尘埃落定。我们不能忍受等待，但还是暂时停下来吧，选择信任这个世界……放手就好。

当我想到耐心时，我想到的是 A.T. 阿里耶拉涅（A. T. Ariyaratne），他领导了斯里兰卡的"人人幸福"运动（Sarvodaya Shramadana）。几年前，我在日本与阿里（他的朋友这样称呼他）一起参加了一次世界佛教徒的会议。"人人幸福"是斯里兰卡最大的非政府组织，它利用佛陀的教导作为一种强大的力量来推动富有慈悲心的社会变革。"人人幸福"也是人们通过共同努力来改善当地社区的条件，来表达他们天生的慈悲心的一种方式，这样就可以在经济和社会两方面治愈战争创伤。

阿里告诉我，在他的国家，印度教徒、穆斯林和佛教徒之间的冲突已经持续了 500 年，这个国家还有 400 年是处在殖民的压迫之下。我被这些数字惊呆了，然后阿里看着我，眼睛闪闪发亮，他说："改变这些状况还需要 500 年时间——但我有一个计划！"这是一个为期 500 年的计划。阿里真是个有耐心的人。

阿里解释说，他的"500 年和平计划"包括在全国各地开展和平活动，然后在斯里兰卡最贫困的地区开展经济开发项目。他补充说，每 100 年就会有一个长老委员会来评估计划的进展。

阿里并不年轻，他已经 80 多岁了。他很健康，但毕竟年岁不饶人。然而，所有的完美性都是他的盟友，尤其是耐心和全心全意这两种完美性。阿里知道，如何做才是毫无阻碍地把慈悲作为生活的律令。

在我自己的生活中，我试着去修习全心投入，以作为偶尔遭遇小挫折时的解药。无论是在医院、教室、会议室，还是在难民营或战区，愿意站出来都需要力量和决心。生活中要实践不逃避、不躲藏、不否认的智慧，还需要热情、意志和专注。

专注

第五种完美性是禅定，或者说专注，它与耐心配合，是一种防止人游离在当前时刻之外的方法。佛陀用了一个奇妙的隐喻来形容注意力不集中时的状态：

> 就像猴子在森林里荡秋千一样，抓住一根树枝，然后又松开，只为了抓住另一根。同样，那些被称为"思想""心智"或"意识"的东西，也是这样日日夜夜地不断地出现又消失。

佛陀用另一个动物隐喻来具体解释什么是专注：

> 它就像森林里的一只鹿，警觉又温柔，并时刻关注着所发生的一切。

森林里的鹿也象征着非侵略性和宁静。通过模仿森林里的鹿，我们就可以把猴子的心转变成菩萨的心，获得慈悲和智慧。

智慧

第六种完美性是般若，即智慧，它是直接体验到现实的本质。这也是专注这一完美性如此重要的另一个原因——如果我们做不到完全开放、公正和专注，就无法获得智慧。

什么是智慧呢？

精明未必就是智慧。通过探究我们如何看待精明之人和智慧之人之间的差异，就可以感觉到这种区别。精明之人可能有知识，通常能够认真考虑事实。而一个智慧之人，是有洞察力和慈悲心的人。

从佛教的角度看，智慧有两种——相对智慧和终极智慧。相对智慧是看到和理解所有生命和事物的相互联系、无常的真相、痛苦的原因，以及从痛苦中获得自由的方法，他们活着是为了普度众生、离苦得乐。

物理学家爱因斯坦虽然不是佛教徒，但对“相对智慧”有着深刻的理解。他写道：

> 人是宇宙这个整体的一部分，是时间和空间中有限的存在。他能体验到他自己、他的思想和感觉，并视之为一种独立于其他事物的东西——这是他意识中的一种视觉错觉。这种错觉对我们来说是一座监狱，把我们束缚在对自己的个人欲望和对身边几个人的爱上。我们的任务是必须把我们自己从这个监狱中解放出来，扩大我们的慈悲所及的范围，拥抱所有的生物及其美好、完整的本性。

从一个佛教徒的角度来看，终极智慧建立在放下我们对所谓真实看法的直接体验基础之上；我们所做的任何关于真实的描述，都让我们与对“事物本来面目”的直接体验分离开来。真实不是一种状态；它每时每刻都在发生着、呈现着。因此，我一直很喜欢黄檗禅师对概念化这一陷阱的描述：“当体便是，动念即乖！”

智慧和慈悲是一体两面的关系。铃木（祥岳）俊隆禅师是一位受人爱戴的曹洞宗僧人，也是旧金山禅宗中心（San Francisco Zen Center）的创始人，在生命的最后时刻，他分享了自己伟大的智慧和慈悲。1971 年，就在他死于旧金山禅宗中心之前，一名关系亲密的学生走进了他的房间。老禅师的皮肤因为生病而变得暗黑；他又瘦又小，躺在狭窄的床上，双手放在被子上。他的学生看着他问：“禅师，我们将在哪里见面？”就好像他们死后会在某个特定的目的地重逢一样。处于垂死之际的禅师停顿了一下，然后举起一只手，握了一个圈，邀请他的学生就在那一刻与他再见面。这就是智慧的极致，这也是慈悲，极大的慈悲。

六波罗蜜多是为培养一颗充满爱、勇敢和智慧的心，为创造一个富有慈悲心的社会提供有力的指南。它们是通往自由的道路。我经常使用一些体现着这些完美性的语句来唤起这些完美性。每一种完美性都包含着所有其他的完美性。这就是为什么我通常只修习其中一句话，并让它渗透我的骨髓。

我们开始先把注意力集中在吸气上，然后在呼气时，让注意力沉入我们的身体。接下来，让我们回顾想要他人结束苦难的心愿。然后，我们可以让心灵和思维都停留在一句话上，或者如果我们愿意，也可以慢慢地读完所有这些语句：

愿我能够做到慷慨；

愿我能培养正直和尊重；

愿我能有耐心，看清别人的痛苦。愿我精力充沛、坚定不移、全心全意；

愿我能培养一颗平和包容的心，以慈悲的心服务众生；

愿我能培养智慧，并将我的见识传予他人。

我们还可以问：

我们为什么不去体现菩萨的精神？

是谁成就了无畏的头脑和心灵、智慧，还有慈悲？

为什么不立于边缘，把情势看清楚？

为什么不现在就做呢？

慈悲的敌人

尽管慈悲的价值和益处显而易见，但我们现今的世界似乎缺乏慈悲。导致缺乏的原因有很多，包括我们对关心的意义理解不够，以及对技术越来越依赖所导致的人与人之间联系的减少。如今非常常见的是：人们过于重视建立联结的手段，却忽略了人与人之间真正的联结；重视快思考，忽视慢思考；牺牲深度以追求增长；重视建立投资组合，忽视建立道德文化；对时间匮乏的紧迫感让我们无法专注于当下。我相信，所有这些弊病的解药是，把慈悲作为我们在一对一互动的微观社区中和全球性宏观社区中，赋予生命的首要价值。

在佛教中，有益的精神品质有远敌也有近敌。远敌是其对立面，慈悲的远敌是残忍；近敌则更难被发现——这都是些无益的品质，却伪装成于人有益的。例如，怜悯就是慈悲的近敌，因为它包含一种遗憾感，以及对那些正在遭受痛苦之人的虚伪的关心。例如，威廉·布莱克（William Blake）就把怜悯称为一种干扰，他写道："是它分裂了灵魂！"

慈悲的其他近敌包括恐惧，甚至是愤怒。这些近敌很容易伪装成慈悲的盟友或同道。然而，这些情绪会耗尽我们的精力，使我们无法以健康的方式对他人的痛苦做出反应，我们最终可能会因此而受到伤害。

慈悲还会有其他的障碍和挑战。我们倾向于过分简化慈悲，如果我们不了解慈悲是如何在我们的生活和社会关系中发挥作用的，可能就会对它产生厌恶甚至恐惧。

我们可能觉得慈悲会让人疲惫，会让人感到厌倦，会让人失去界线，会让人认为这是软弱的或不专业的。我们还可能会认为，重慈悲而轻同情有点不公平——这有时会不加区别地、有时会非理性地表达出来。对于一些临床医生来说，是否养成慈悲心本身就是一个两难选择。医学院的学生被教导要少动感情，以保持客观性，并根据事实而不是感觉来做决定。许多医生还认为，痛苦情绪会传染，如果他们让痛苦侵入自己，可能就会被压垮。经历过社会化的他们可能还认为慈悲是宗教性的、不科学的，可能意味着自身软弱。

相比之下，对护士、临终关怀人员和家庭护理人员的行为，人们则期待其是出于慈悲的。然而，他们可能也害怕情感上的投入，因为这会让他们失去界线，遭受共情的痛苦或倦怠。

想要被他人认为自己富有慈悲心则是另一个陷阱。我们可能会觉得，我们自身的价值是由我们有多慈悲或看起来有多慈悲来衡量的，因此，我们愿意在世人面前把自己塑造成一个"慈悲的人"，同时需要别人的认可、肯定、钦佩，甚至是批准。这样看来，我们应该警惕那些标榜自己慈悲的人。不是每个人都言行一致。

慈悲的另一个障碍是分心。我们可以把部分原因归咎于我们所用的数码设备，以及我们对其上瘾的行为。《浅薄》(*The Shallows*）一书的作者尼古拉斯·卡尔（Nicholas Carr）在接受《纽约时报》采访时说："抽出时间进行沉思对我们来说成了一个挑战，因为我们很容易被分心。如今，我们整天都随身带着那些功能强大的电子设备，因此留给沉思的机会更少了——原因很简单，我们的注意力太容易被不断分散了。"

有一项研究评估了 18 ~ 33 岁的参与者使用智能手机的情况，结果发现，被试平均每天使用手机 85 次！由于这种消遣太过方便，因此我们本可以用来更好地了解周围环境（包括关注他人的痛苦）的时间被其挤占。卡尔认为，频繁使用数码设备会对认知、注意力和健康的内省能力产生有害影响。

慈悲的一个主要挑战是时间压力。正如我们在本书涉及"投入和倦怠"部分所看到的，当代人陷入"忙碌"和"雄心勃勃的匆忙"似乎是正常的，赫尔曼·黑塞将其称为"快乐的敌人"。

忙碌和快节奏扭曲了我们慈悲地与他人进行交往的努力，最终会导致我们产生道德痛苦。甚至在 40 年前，由普林斯顿大学的研究人员约翰·达利（John Darley）和丹尼尔·巴特森（Daniel Batson）发起的"善良的撒玛利亚人研究"发现，时间压力也会抑制人们的慈悲心。在这项研究中，研究人员与神学院的学生在一栋楼里见面，并指示他们步行穿过校园到另一栋楼去。一些学生被告知他们已经迟到了，需要抓紧时间；另一些学生则被告知，他们还有足够的时间。途中，两组人都会从一个瘫倒在小巷里的人身边经过，这个人呻吟着、咳嗽着，看上去像是喝醉了酒或是受了伤。事实上，这个人是研究人员安排的演员。结果，在时间充裕的那组被试中，有 63% 的人停下来帮忙；而在已经迟到的那组中，只有 10% 的人停下来。道德行为似乎与一个人的生活节奏成反比。当他们到达演讲厅时，许多当时没有停下来的学生显得很焦虑——比那些停下来的学生更焦虑。他们似乎对自己做出的满足研究人员期望而不是帮助受害者的选择更感到道德上的痛苦。除了这个实验，分心和时间压力还会影响我们在面临道德困境时所做的决定，包括我们是否会帮助他人。

慈悲的算术

另一个挑战慈悲心的因素是承受能力过载。当我们听到诸如全球难民危机、物种灭绝和气候变化这样的大问题时，大脑会在某种精神麻木的状态下关闭。并不是我们对此不在乎，而是这个问题太大了，我们根本无能为力，因此会把它搁在一边，无所作为。

还有一个证据充分的现象是，随着遭受苦难者人数的增加，我们帮助他人的意愿会呈指数级下降——即使当从一人增加到两人时，情况也是如此。波兰诗人齐别根纽·赫伯特（Zbigniew Herbert）称这种现象为“慈悲的算术”。在一个关于慈善捐赠的实验中，心理学家保罗·斯洛维奇（Paul Slovic）博士和他的同事们研究了慈悲的算术。斯洛维奇写道：“我们发现，人们可能会愿意把钱寄给一个需要帮助的人，但如果他们听说另一个人也需要帮助可无法如愿，那他们就不太愿意把钱捐给第一个人了。”此时，满足他人这种需求不会再让人产生一种让自己感到满意的效果。同样，当援助需求被描述为大规模救援工作的一部分时，潜在的捐赠者就产生了一种无力感，因为他们认为自己能提供的帮助只是“杯水车薪”。

这种现象被称为“伪无效”，因为我们的无效感是一种感知，而不是真实的存在。然而，当我们知道自己确实无法对有些人施救时，这种感觉就会成为一种严重的负激励因素。

这种精神上的封闭不只是个比喻，而是事实如此。神经科学家们发现，大脑的前扣带回皮质（ACC）控制着我们对情感唤醒刺激的注意力，它很快就会习惯令人不安的刺激并停止反应。这可能是一种防御机制，这样我们就不会被消极的信息输入淹没了。我对于我们如今通过社交媒体和在线新闻网站不断获取坏消息而导致精神麻木、道德冷漠和慈悲心缺乏的事实，毫不怀疑。

当 2015 年尼泊尔廓尔喀发生地震时，我很难想象这场灾难有多严重。随着死亡人数的攀升，这个数字令我震惊。并不是我不在乎——我当然在乎，而是我还无法弄清楚人们的实际情况。地震后的第二天，我的电话响了起来——尼泊尔的好朋友们正试图把防水布和食物送到受灾严重的地区，他们需要帮助。我立即为他们的行动提供支持，尽管我当时对这场悲剧的严重性还没有准确的认识。

然而，Facebook 上的一张小照片让我恍然大悟，这是几个月前我在廓尔喀地区的一座乡村修道院遇到过的一位小和尚。那孩子看上去很害怕，已经精疲力竭。通往这个地区的道路被毁坏了。这个寺庙里的孩子们吃住都成了问题。了解到这个情况后，我觉得我必须出手帮助他们。这是私人性的，是一个人与另一个人的关系。在很短的时间内，在我们的支持下，我的好朋友帕桑·拉姆·夏尔巴·阿吉塔雇了一架直升机飞到了地震灾区的山里，将 13 名小男孩疏散出来，安置在了加德满都。

当我在《纽约时报》上读到他们获救的故事时，我感到如释重负。这个孩子的脸，让我无法对所有人都在受苦这个现实掉头不顾。正是这张脸催促我行动起来。然后，我在该地区遇到的其他男人、女人和孩子的面孔开始出现在我的社交媒体订阅列表上，还有正在勇敢地投入救援的那些尼泊尔年轻救援人员的面孔，其中一些人是我的密友。起初，善巧是支持大型非政府组织进行地震救援的，但后来我们把战略重心转向支持那些正在救灾一线工作的人。这对我们来说更“真实”、更有效率，也更贴近内心。

当我们的慈悲心被麻木、恐惧、武断、分心或数字的不真实所阻碍时，我们可能会陷入边缘状态的不健康表现中，包括道德冷漠。为了解除阻碍找到出路，我们需要认识到，我们的慈悲心遇阻了。这样，我们就能辨别出我们如何才能对所发生的事情做出适当的反应。我们要放下武断，深刻反省自己对苦难的反应。

落入和走出慈悲

像大多数人一样，我常被自己和他人所遭受的痛苦压倒，结果是经常徘徊在慈悲内外。在这个过程中，我认识到了什么是慈悲，什么不是。我发现，当我因他人的痛苦而陷入共情或道德困境时，我这么做更多的是为了缓解自己的不适，而不是为那些正在遭受痛苦的人们服务。有时候，当我从利他主义的边缘滑向病态的利他主义时，我的“过分关爱”实际上抑制了自己对他人的理解。或者，虽然我表现出关心的样子，但实际只是在安顿自己，而不是针对自己想要服务的人。

还有些时候，由于我的分心、麻木或否认（所有形式的冷漠），我会忽略某个学生或同事正在遭受痛苦的事实。在这样的时候，我常常感到疲倦、烦扰、不踏实，以及因工作或旅行而产生的压力，难以获得情感资源以评估情况并做出慈悲的回应。

我还可能会陷入徒劳无功的自我感觉之中，因为我觉得我根本无能为力，没有任何办法去帮助他人解决痛苦。也许，我会干脆逃避开那些脆弱的人，或者完全忽略他们的痛苦。其实最好的情况应该是，重整自己的道德责任感，迎难而上去帮助那些需要帮助的人们。

我也可能会发现，我会因病人或囚犯受到不公平对待而陷入道德义愤之中。在理想情况下，这愤怒时刻应该是提醒我认识到不公平情形的存在。我通常会意识到，陷入道德义愤是不健康的，正确的做法应该是深入探究是什么导致了这种痛苦，然后努力为这个人或这种处境谋划出解脱之道。

当我陷入善意之间的空白区时，我有时会去思考这到底是因为缺失了什么。奇怪的是，慈悲因缺乏而变得更加明显。在这样的时刻，我们也能看到，慈悲不是一个单一的东西，而是从身心关系中产生的一组互相交织的过程。慈悲还会受到我们所处的环境、社会、文化和关系环境的影响。这些越过边缘、陷入困惑沼泽的经历，帮助我更深入地理解了慈悲。这也启发了我，通过慈悲，我们可以让自己摆脱病态的利他主义、共情痛苦、道德痛苦、不尊重和倦怠。

描绘通往慈悲之路

越是看到慈悲缺位所带来的痛苦，我就越意识到，我需要更深入地认识慈悲，试着去解读它，尽我所能去描绘它，并尝试开创通往慈悲的道路。2011 年，我被邀请去位于华盛顿特区的美国国会图书馆克鲁格中心做几个月的访问学者和研究员。借着这个特殊的机会，我得以从教学中抽出身来，专注于对慈悲进行神经科学和社会心理学研究。我的目标是开发出一幅关于慈悲的地图，从而更有效地训练护理人员和其他人，使他们在遇到他人遭受苦难的情况下可以展现出慈悲。

在一次思维实验中，我问了自己四个问题。我首先问的是：如果注意力不平衡、不稳定、不清晰、不持久，那么我们能感受到慈悲吗？我想到临床医生常常被他们的移动设备和寻呼机分散注意力，他们还面临着完成指标的压力，经常需要迅速地从一个病人转向另一个病人，等等。当我们的注意力如此分散时，要做到时刻关注病人的痛苦是不可能的。我记得神经学家阿米什·基赫（Amishi Jha）说过，我们的注意力到哪里，大脑就跟到哪里。“注意力是大脑的主宰。”她说。由于在复杂的临床环境中工作的人要实现注意力平衡很困难，因此要展现出慈悲心可能也很困难，因为临床医生的注意力常常是分裂的（divided）、错乱的（distracted）、分散的（dispersed）——我称之为“3d”。要清楚地感知痛苦或任何事情，我都需要注意力的平衡。

我问自己的第二个问题是：如果我们不关心别人，我们还能有慈悲心吗？我很确定，答案是否定的。如果我们对某个人的痛苦感到冷漠或予以否认，或者我们对那个人感到厌恶，慈悲心就不容易产生。亲社会和反社会的意思正相反。亲社会行为体现的是积极的社会关系，是一种亲和型关系，是一种乐于助人的关系，也是一种有益于他人的关系。例如，如果我们的目标是以自我为中心的，我们很可能就不是亲社会的。关爱、关注、善良、温柔、爱、慷慨，甚至谦卑，都是可以通过慈悲来表达的亲社会情感。从我所观察到的情况来看，没有亲社会的情感是无法养成慈悲心的。

然后，我问了自己第三个问题：如果我们对如何减轻他人痛苦缺少真知灼见，那么我们的内心还会产生慈悲吗？答案是否定的。为了感受到慈悲心，我们会用洞察力来判断如何才能最有效地帮助他人。慈悲还包括深刻地理解为什么关爱和我们究竟是谁是很重要的问题。

最后，我问自己：如果我们难以直接采取任何措施，那么想要减轻他人痛苦的愿望还重要吗？这一次，答案是完全肯定的。我们难以总是采取具体而直接的行动来解除他人的痛苦，但至少增进他人福祉的愿望对慈悲是必不可少的。

我记得曾听马修·李卡德举过一个例子。一名飞机上的乘客看到一个人正在海里挣扎着。离他不到 100 米远有一个岛，但这个快淹死的人看不见，因为有一大团雾把它遮住了。虽然这位飞机上的乘客对此无能为力，但她还是希望这个落在水中的人最好能看到这个岛。有时候，我们能够采取行动去帮助那些正在受苦的人；有时候，慈悲只是想让别人得到一个好的结果，即使我们对此有心无力。

慈悲是由非慈悲元素构成的

在与社会心理学家、神经学家、内分泌学家和佛教修行者的交往中，在审视我自己的经历时，我非常确信要产生慈悲，必须具备四个条件：注意到他人感受的能力，对他人感到关心的能力，认识到什么会对他人有益的能力，以及为增进他人福祉而采取行动的能力（或至少希望他人得到最好的，同时又不执着于结果）。

专注、亲社会的情感、无私的意图、洞察力和具体化，是构成慈悲本体的关键因素，虽然它们自身并不与慈悲等同。我还从神经科学的研究中了解到，慈悲心并不存在于大脑的某个部位，而是分布在整个大脑中。此外，它似乎是自然发生的，这意味着当构成慈悲的一系列特征被调动起来时，慈悲就会随之形成。

正如一行禅师所写：“花是由非花的元素构成的。当你看花的时候，你会看到那些非花的元素，比如阳光、雨水、泥土——所有的元素都聚集在一起使一朵花显化出来。如果我们移除其中任何一个非花的元素，就不会有花了。”就像阳光、雨水和土地构成花朵一样，专注、关爱、意图、洞察力和具体化构成了慈悲。

从相互依赖的角度出发，并结合我在冥想和护理方面的经验，以及在神经科学、社会心理学和伦理学方面的研究，我最终创建了一个矩阵，并由此确定了能构建起慈悲的主要特征——换句话说，就是为慈悲的出现做好了最终准备的那些非慈悲要素。

从那以后，我就用这个模型来训练临床医生、学习传教者、教育工作者、律师和商人，教他们如何在自己的内心和周围培育一个可以让慈悲心得以实现的场域。我们通过训练我们的注意力，培养亲社会的品质和无私的意愿，发展我们的鉴别力和洞察力，为有道德的、有爱心的参与创造条件。慈悲的参与是被具体地呈现出来的，是要符合伦理的。它还具有舒适、平静和善良的特征，当我们为他人服务时，内心就会产生一种幸福感。

我把这种模式称为“慈悲的 ABIDE 模型”。我喜欢这种缩写记忆法，因为它们能让我们更容易记住某个模式或过程。

A 代表专注（attention）和情感（affect，如具有个人情感），这两种品质会导致注意力和情绪的平衡；

B 代表平衡（balance）；

I 代表意图（intention）和洞见（insight），这是达致明辨的认知过程；

D 代表明辨（discernment）；

E 代表具体化、参与和富有慈悲心的行动（embodiment, engagement, and compassionate action）。

当我在图书馆的访问期即将结束时，我以 ABIDE 模型为主题，举行了一场讲演。随后，我展开了这个项目第二阶段的研究——开发出一个依托这个模型的应用方法，从而便于教授给他人，旨在支持临床医生及相关人士在与其他人互动时培养出慈悲心。慈悲心的地图固然有用，但我们日常生活的领域才是能让慈悲心变为现实的地方，这是我们活生生的体验。

慈悲心修习

多年来，我常听各行各业的人谈论当他们面对他人的痛苦时，自己所感受到的压力。由此，我了解到许多职业角色的难处，包括教师、护士、医生、律师、家长、活动家、政治家、环保主义者、人道主义援助工作者和首席执行官们。他们在职业生涯中，每天都会遇到别人的困难和痛苦。也许大多数人也都是如此。然而，当我们遭遇苦难时，很容易陷入边缘状态的有害方面，但我们不能陷于其中且不思解脱。

虽然东印度的宗教专家们早就知道我们可以改变自己的思想，但在西方，我们却觉得别人给我们发什么牌我们就得打什么牌，永远被僵化的思维模式束缚着。然而，在 20 世纪下半叶，神经科学研究表明，大脑会随着我们的经历而不断变化。大脑的电路会由于重复或缺乏而被强化或修剪，这被称为神经可塑性。也就是说，当大脑因内部和外部刺激而在生理和功能上进行自我调节时，大脑会对自身进行重组。

尽管我们的偏见和思维习惯可能根深蒂固，但我们感知世界和关注生活的方式可以通过心理训练或冥想从根本上改变，冥想是神经可塑性的重要增强剂。大脑的可塑性使我们有可能从创伤中恢复过来，学习新的思维模式，让我们因形成了习惯性的反应模式而获得“解脱”，并提高我们思维的灵活性和敏捷性。

怀着这样的想法，我开发出了一种积极的冥想修习——“恩典”（GRACE），它以 ABIDE 模型为基础，专注于培养我们与他人互动时的慈悲心。GRACE 也是一个好记的缩略语，各个字母所代表的含义如下：

G 代表集中（gather）注意力；

R 代表回忆（recall）意图；

A 代表调频到（attune）自我，然后是他人；

C 代表考虑（consider）什么是有用的；

E 代表投入（engage）和结束。

它包含了“ABIDE 模式”的所有特性，并且是基于当这些特性相互作用时就会产生慈悲这一洞察力。

GRACE 修习

我们要如何修习 GRACE？

集中注意力

GRACE 模型中的“集中注意力”（G）对我们是一个提醒，提醒我们暂时停下来，给自己时间，让自己能够镇定下来。吸气时，要集中注意力。呼气时，要将注意力放在身体上，感觉进入身体中某个安稳之处。我们可以把注意力集中在呼吸上，或是集中在某个感觉不敏感的身体部位上（如落在地板上的脚后跟），或是互相搭在一起的双手上。也可以把注意力放在一个词语或一个物体上。在这个注意力集中的时刻，我们可以打断关于假设和期待的自我对话，让自己能够气定神闲，真正地感受当下。

回忆意图

GRACE 模型的“回忆意图”（R）是指，要记住我们正直行事的承诺，并尊重我们所遇到的那些人的正直品行。要牢记：我们的目的是服务他人，向世界敞开我们的心扉。这个接触可能在瞬间发生。我们的目的是确保走在正确的轨道上，立于道德基础上，并坚守最高的价值观。

调频到自我，然后是他人

GRACE 模型中的 A 是指一个调频的过程——首先调频到我们自己的身体、情感和认知体验，然后再调频到他人的体验。在自我调频的过程中，我们把注意力放在我们的身体感觉、情感和思想上——所有这些都能塑造我们对他人的态度和行为。如果我们感觉自己的感情被那些与我们互动的人触发了，我们做出的反应就可能会影响我们清晰地去感知他人和关心他人。然而，如果我们能意识到自己的反应，并反思这个人痛苦的本质和根源，或许就能够以一种不武断的、有洞察力的方式重新定义现状。这种调频和重新评估的过程，启动了与慈悲心相关的神经网络，并能支持慈悲的反应。

在调频到自我的基础上，我们就能调频到他人，不加判断地感知他们的体验。这是一种积极的见证形式，也是我们发挥共情能力的时刻，因为我们已经在身体（身体共情）、情感（情感共情）和认知上（取某种视角）与他人接通了。通过这个调频过程，我们为可能的相遇打开了一个空间——我们可以为任何可能发生的事情做好准备的空间。我们越是把这种相互交流做得丰富，这种展现所达到的层次就越深。

考虑什么是有用的

GRACE 模型中的 C 就是考虑什么是有用的。这是一个基于常规理解的辨别过程，也需要由我们的直觉和洞察力来支持。我们可以问自己：如何才是明智而富有慈悲心的道路？什么是适当的反应？一旦我们意识到了如何才能为对方服务，就做好了为对方服务的准备，我们会产生洞见，会注意到对方此时此刻可能会提供什么。我们会考虑影响这一情况的系统因素，包括体制要求和社会期待。

当我们利用自己的专业知识、知识和经验，同时保持以全新方式看待事物的开放心态时，我们可能会发现我们的洞察力超出了一个可预测的范畴。这个识别过程可能需要时间，所以我们尽量不要过早下结论。当我们考虑什么是有用的，当然需要专注力和情感间的平衡，需要深刻的道德基础意识，认识到我们自己的偏见，并调频到正在遭受痛苦者的体验和需求。而谦卑则是另一个重要的指导因素。

投入和结束

GRACE 模型中的 E 的第一阶段是，如果适当，就要合乎道德地投入和行动。慈悲行动会从我们所创造的开放的、有联系的和有洞察力的心态中生发出来。我们的行动可能会是一个推荐、一个问题、一个提案，甚至什么都不做。我们努力与他人共同创造一个相互信任的时刻。我们利用自己的专业知识、直觉和洞察力，寻找与我们的价值观一致，并支持彼此完整性的共同点。这里呈现出的是，对所有相关人员都给予尊重的、实际的、能转化为行动的慈悲心。

当时机合适时，我们就可以在这种富有慈悲心的互动中来标记时间的结束，这样我们就可以干净利落地转向下一个时刻、人或任务——这是 GRACE 模型中 E 的第二阶段。无论结果是超出我们的预期还是小得令人失望，我们都应该注意到并承认已经发生了一些事情。有时，我们必须原谅自己或他人。或者，这是一个值得深深感激的时刻。如果不承认已经发生的事情，就很难放下这次遭遇再继续前进。

体验死亡中萌生的慈悲

我曾体验过死亡，那是一次对死亡的模拟。当时我意识到，我也只是血肉之躯，自己迟早也会死去。我的脑海里闪过这样一个想法：为什么不趁现在元气饱满地生活呢？既然自己还活着，那么为什么不去为别人解除痛苦呢？我在这一生中还想做什么？

在某种程度上，我们对这种奇怪的体验并不陌生。我们是由血、骨头和内脏组成的，每次进到医院急诊室都会让我们认识到这一点。然而，在真正体验过死亡后，就会更深刻地意识到生命的无常和死亡的真实性。对我来说，这样的体验让我感到非常紧张，但并没有造成精神上的创伤。事实上，这是一种解脱——因为能更清楚地看到的东西更难以让人害怕。

对于任何有苦难存在的地方（无论是医院、教室、存在家暴行为的家庭、精神病院、无家可归者收容所，还是难民营），哪怕是一个享有特权的空间（如公司会议室、华尔街交易大厅，或是媒体大亨的办公室），任何被恐惧、沮丧、愤怒、绝望、不尊重或欺骗所玷污的地方，包括我们自己的思想，都会让我们感受到死亡。

无论我们的专业或职业是什么，我们都处于或轻微或明显的痛苦之中。当我们越过边缘时，就会陷入泥沼。在这个地方，我们必须面对自己的挣扎，对那些在深沉的痛苦中挣扎的人们，我们的同情也会变得更加强烈。

当我们在内心深处的濒死之地遭受痛苦时，也很容易受到病态的利他主义、共情痛苦、道德痛苦、不尊重和倦怠的伤害。不过，如果我们从更广、更深的角度去看，就会发现，这片濒死之地不仅是一片荒凉之地，还是一个充满无限可能的地方。我的同事弗利特·莫尔（Fleet Maull）因贩毒被监禁了 14 年，他比较了在狱中冥想与在濒死之地冥想的不同之处。

他指出，监狱是一个艰苦的修行环境，贪婪、仇恨和妄想是家常便饭。然而，这片濒死之地还是向他证实了一些东西。他在其著作《地狱之法》（*Dharma in Hell*）中写道："在与杀人犯、强奸犯、银行抢劫犯、猥亵儿童者、逃税者、毒贩，以及各种可以想象得到的罪犯一起服刑 14 年后，我完全相信，人类的本性是善良的。对此，我内心一点也不怀疑。"像弗利特一样，我相信救赎是可能的，每一种情况都有一些可以给我们教益的东西，一些可以引导我们走向我们内在智慧的东西。

在许多西藏的曼荼罗图案中，外面的保护圈都描绘有八个墓地，里面有尸体、食腐动物、骨头和血迹。要思考生命无常的本质，再没有比墓地更好的地方了。对于那些心怀恐惧且毫无准备的人来说，这个圈子就是进入的障碍，也是我们可以充分进行冥想修习的地方。如果我们能在死亡和腐朽中找到平静，就可能成为居于曼荼罗中心的佛陀。

在苦难中并肩而行

这种勇气、智慧和慈悲都在地藏菩萨身上体现出来，他代表着我们在进入他人和自我的痛苦地狱时保持平衡的能力。他发誓，地狱不空誓不成佛。他常常化现为一位穿着僧袍、剃着光头的普通僧人，但有时地藏菩萨又是一位女性。在他的左手中，有一颗能让梦想成真的宝石，可以照亮黑暗；他的右手中握着一根锡杖，上面有六个叮当响的圆环，用以提醒昆虫和小动物他走过来了，以免在无意中伤害它们。六个环象征着六种存在境界：神的境界、嫉妒的神的境界、饿鬼的境界、地狱的境界、动物的境界和人的境界。①

地藏菩萨行走于边缘。他既是菩萨又是和尚，既是男又是女，用其锡杖敲打着地狱之门。当门打开时，他下到火坑里，发现自己来到了一群受苦受难的人中间。他没有疯狂地试图拯救他们，而是张开双臂，那些想要被拯救的人便跳进了他那如波浪一样鼓荡的袍袖里。

我们也可以像地藏菩萨一样，与那些受苦受难的人并肩而行，为他们提供一条从地狱中被搭救出来的道路，一条让他们在安全与善良中得到庇护的道路。即使我们受苦，也可给予他人或自己慈悲。毕竟，菩萨不寻求安逸的环境，但是我们必须有力量以一种有心的、坚定的、最终是好奇和无畏的方式进入地狱。我们必须拥有地藏菩萨的心灵，愿意站在生与死的十字路口，这样其他人才能发现通往自由的道路。

魔镜

最近一次去日本旅行时，我有机会看到了一面完全由青铜铸造而成的“魔镜”。这种镜子是一种罕见而神圣的物件，只有一家日本家族企业还掌握着这种

① 地藏菩萨秘记引莲华三昧经曰：“一檀陀地藏，为地狱道之能化，手持人头幢者（檀陀者译人头幢）；二宝珠地藏，为饿鬼道之能化，手持宝珠者；三宝印地藏，为畜生道之能化，伸如意宝印手者；四持地地藏，为修罗道之能化，能持大地拥护修罗者；五除盖障地藏，为人道之能化，为人除八苦之盖障者；六日光地藏，为天道之能化，照天人之五衰而除其苦恼者。”——译者注

古老而神秘的技艺。在这面特别的镜子后面，有一幅龙的浮雕，龙是力量和好运的象征。镜子正面经过仔细抛光，我的脸在这面镜子中，就像在任何玻璃镜子中看到的一样。这面镜子做工精细，似乎就像一面很正常的镜子。

然而，值得注意的是，一旦把这面镜子调整好，将光线反射到一面黑暗的墙上，一幅地藏菩萨的画像就会被投到墙上。这幅画像隐藏在铸造镜子的青铜材料里面。菩萨削了发，袈裟披在胸前，从镜子里反射到墙上的浮光在他的黑色轮廓四周闪耀。光线从他的头上照射出来，他就好像站在太阳中间，他的手杖撴在地上，像是要敲开地狱的门。虽然这面镜子看起来是实心金属，但它好像藏着一个秘密。

如果我们是一面映照世界的镜子，那么在我们的内心深处，就深嵌着一尊无形的菩萨，他会解救苦难的众生。地藏菩萨博大的慈悲能力一直隐藏着，直到被光揭示出来。不过，一定还要有另一个原因共在——黑暗。只有当被投射到黑暗的表面上，才能看到这幅图像。这种黑暗与光明的结合，痛苦与救赎的结合，道出了地藏菩萨所处的情境，以及我们在地狱里和在我们自己生命濒死时所遭遇的那种情境。

一些经历过可怕灾难的幸存者，会把加害他人作为一种报复世界的手段。而另一些人则相反，为了不让别人遭受自己所经历过的那些痛苦，他们会从事那些能够对这些人施以援手的职业。那些从虐待、成瘾、欺凌或系统性压迫中幸存下来的人，可能会蒙召走出痛苦的黑暗世界，并像地藏菩萨一样，带着其他人一起走出来。他们可能也会像地藏菩萨一样，在人类精神中发现巨大的潜力，在灾难中心向善良，并以此激发他们获得慈悲心和智慧的能力。这些人找到了回到坚实的地面、立于悬崖边缘的道路，他们的有利位置使他们对所有生命和事物建立联结，恐惧和勇气相互缠绕的世界真相有了一个宽阔的观察视野。

当立于边缘时，我们面对苦难世界的决心便会成为一种召唤，因为我们发现，无论我们面对什么，慈悲都是把我们从苦难中解救出来的舟车，给我们力量、平衡和终极自由。在那里，我们看到，人类有着共同的生活、共同的世界、共同的命运。

就像表演艺术家玛丽娜·阿布拉莫维奇（Marina Abramović）曾经说过的那样："当处于边缘时，是我们真正活在当下的时刻。因为我们知道，我们可能会摔倒。" 因为坠落的危险提醒我们，当下才是唯一现实而又真实的可以容我们栖息的地方。当我们立于边缘时，我们无法逃避痛苦，无论是在我们的内心，还是在身外的生活中。在那里，我们必须以利他主义、共情、正直、尊重和投入来面对生活。当我们发现自己快要受到伤害时，我们脚下的地面就会摇摇欲坠，慈悲可以让我们保持人性的高度。如果我们真的跌倒了，慈悲之心就会把我们从苦难的地狱中拉出来，带我们回家。

Standing at the Edge:Finding Freedom Where Fear and Courage Meet

ISBN:978-1-250-10134-1 (hardcover)

ISBN:978-1-250-10136-5 (ebook)

This edition arranged with FLATIRON BOOKS through Andrew Nurnberg Associates International Limited.

北京阅想时代文化发展有限责任公司为中国人民大学出版社有限公司下属的商业新知事业部，致力于经管类优秀出版物（外版书为主）的策划及出版，主要涉及经济管理、金融、投资理财、心理学、成功励志、生活等出版领域，下设“阅想·商业”“阅想·财富”“阅想·新知”“阅想·心理”“阅想·生活”以及“阅想·人文”等多条产品线，致力于为国内商业人士提供涵盖先进、前沿的管理理念和思想的专业类图书和趋势类图书，同时也为满足商业人士的内心诉求，打造一系列提倡心理和生活健康的心理学图书和生活管理类图书。

《思辨与立场：生活中无处不在的批判性思维工具》

- 风靡全美的思维方法、国际公认的批判性思维权威大师的扛鼎之作。
- 带给你对人类思维最深刻的洞察和最佳思考。

《理性思辨：如何在非理性世界里做一个理性思考者》

- 英国畅销哲普大师、畅销书《你以为你以为的就是你以为的吗？》作者朱利安·巴吉尼最新力作。
- 以一种更温和的理性去质疑和思辨，会更有力量，也更有价值。

《专注力修炼：不分心的智慧》

- 我们的生活之所以得到升华，是因为专注力得到强化，使我们获得了对生活的意义感，并在这个世界上获得一种位置感。
- 采访全球 20 余位各领域的成功人士，聆听他们对专注力的理解，探索专注力的真谛，总结修炼专注力的方法。

《专注力：如何高效做事》

在专注力越来越缺失的世界里排除一切干扰，学会专心致志地做事与生活。这本书将告诉你：

- 专注力在大脑中是如何产生的；
- 为何现在专心做一件事情如此之难；
- 如何在日常生活中重新集中注意力。

《逆商：我们该如何应对坏事件》

- 北大徐凯文博士作序推荐，樊登老师倾情解读，武志红等多位心理学大咖在其论著中屡屡提及。逆商理论纳入哈佛商学院、麻省理工 MBA 课程。
- 众多世界 500 强企业关注员工“耐挫力”培养，本书成为提升员工抗压内训首选。

《与情绪和解：治愈心理创伤的 AEDP 疗法》

- 加速的体验性动力学心理治疗（AEDP）创始人戴安娜·弗霞博士、AEDP 认证治疗师和督导师叶欢博士作序推荐。
- 借助变化三角模型，倾听身体，发现核心情绪，释放被阻断的情绪，与你的真实自我相联结。
- 让你在受伤的地方变得更强大。

《拥抱受伤的自己：治愈心理创伤之旅》

- 一本助你重新拼起心理碎片，从创伤中走出，重获完整自我的专业指南。
- 哈佛医学院研究员、心理学家施梅尔泽博士近 30 年重复性创伤治疗经验的集大成之作。
- 北京师范大学心理学教授、博士生导师、中国首批创伤治疗师王建平教授作序推荐。

《战胜抑郁症：写给抑郁症人士及其家人的自救指南》

- 美国职业心理学委员会推荐。
- 一本帮助所有抑郁症人士及徘徊在抑郁症边缘的人士重拾幸福的自救手册。